Michael Handwerk
Präsentieren und referieren

Michael Handwerk

Präsentieren und referieren

Vorträge richtig strukturieren
und überzeugend halten

Bibliografische Information der Deutschen Nationalbibliothek
Die Deutsche Nationalbibliothek verzeichnet diese Publikation in der Deutschen
Nationalbibliografie; detaillierte bibliografische Daten sind im Internet über
http://dnb.ddb.de abrufbar.

ISBN 978-3-86910-757-8

Der Autor: Michael Handwerk weiß aus langjähriger Erfahrung, wie anschauliche
Präsentationen gelingen. Als Redakteur arbeitete er für viele namhafte Zeitungen
und Zeitschriften.

Originalausgabe

© 2009 humboldt
Ein Imprint der Schlüterschen Verlagsgesellschaft mbH & Co. KG,
Hans-Böckler-Allee 7, 30173 Hannover
www.schluetersche.de
www.humboldt.de

Covergestaltung: DSP Zeitgeist GmbH, Ettlingen
Innengestaltung: akuSatz Andrea Kunkel, Stuttgart
Titelfoto: Yuri Arcurs / shutterstock
Satz: PER Medien+Marketing GmbH, Braunschweig
Druck: Druckhaus „Thomas Müntzer" GmbH, Bad Langensalza

Hergestellt in Deutschland.
Gedruckt auf Papier aus nachhaltiger Forstwirtschaft.

Inhalt

Auch Sie können präsentieren!

Präsentationen und Vorträge erleben Sie jeden Tag. Im Fernsehen verfolgen Sie Wetterbericht, Börsenreport und Fußballtabelle. Im Büro hält der Chef Ihrem Kollegen eine Standpauke, und der Hausarzt erläutert Ihnen ein Röntgenbild. Der Versicherungsvertreter möchte Sie von den neuen Vertragsoptionen überzeugen, der Architekt von seinem Hausentwurf. Und plötzlich, aus heiterem Himmel, sollen Sie selbst eine Rede halten, sollen Ihr Projekt den Kollegen, dem Chef oder an der Hochschule Ihrem Professor präsentieren, sollen die Firma mit ihren Geschäftsfeldern einer Besuchergruppe vorstellen. Sie werden unruhig und suchen nach Hilfe – und die soll Ihnen hier geboten werden.

Denn egal, wer Sie sind und was Sie tun, in diesem Ratgeber erfahren Sie das Wichtigste darüber, wie Sie selbst erfolgreich eine Rede, einen Vortrag, eine Präsentation halten können – ob Sie nun als Projektleiter oder als Pharmareferent arbeiten, ob Sie als Student oder als Schüler Punkte oder gute Noten bekommen möchten, ob Sie Bilanzzahlen oder Werbestrategien vorstellen.

Denn wenn Sie diesen Ratgeber gelesen haben, wissen Sie:

- wie Sie die Ziele Ihrer Präsentation festlegen und die entscheidenden Informationen sammeln,
- wie Sie Ihren Vortrag so strukturieren, dass er Ihr Publikum fesselt,
- wie Sie eine mitreißende Einleitung und einen prägnanten Schluss gestalten,
- wie Sie Ihrem Text mit visuellen Elementen Leben einhauchen und ihm so wesentlich mehr Überzeugungskraft verleihen,
- wie Sie selbstbewusst auftreten und sich durch Störer nicht aus der Fassung bringen lassen.

Wissen ist gut, Können ist besser: Zusätzlich zum Knowhow des Präsentierens erhalten Sie zahlreiche Anregungen zum Üben, Ausprobieren und Anwenden. Und Sie werden sehen: Es ist gar nicht so schwer, Ihr Wissen in richtiges Können zu verwandeln.

Keine Frage, im Beruf gewinnen Präsentationen an Bedeutung: Verkäufer wollen Kunden überzeugen, Mitarbeiter Pluspunkte bei Vorgesetzten sammeln, Firmen wollen Aufträge gewinnen. Unser Ratgeber passt auf all diese Anforderungen – und bietet zusätzlich ein Kapitel über spezielle Arten der Präsentation in verschiedenen Anwendungsfeldern – von der Schule über die Universität bis zu Berufen, in denen das Präsentieren zum täglichen Geschäft gehört, wie etwa beim Pharmareferenten oder beim Werbemanager.

Wer präsentiert, der hat heutzutage oft das Ziel, seine Zuhörer mitzureißen und zu überzeugen. Nicht immer sind die Zuhörer jedoch von vornherein bereit, sämtliche Inhalte begeistert aufzunehmen. Präsentationen können auch die schwierige Aufgabe haben, Menschen Neuerungen schmackhaft zu machen, gegen die sie sich zunächst sperren. Unser Ratgeber hat auch für diese Fälle die richtigen Tipps parat.

Doch genug der Vorrede – beginnen wir mit einem faszinierenden Redner, von dem wir viel lernen können, schauen wir uns das Erfolgsrezept von US-Präsident Barack Obama an!

Kleine Geschichte des Vortrags – rückwärts

Logisch: Mit den Meistern, Schwergewichten und Legenden der Rhetorik müssen Sie sich nicht messen. Dennoch lohnt sich ein kurzer Blick zu den Könnern von gestern und heute. US-Präsident Barack Obama wird schon jetzt als Ausnahmeredner bewundert. Er zeigt uns, wie man mit Blicken, Körpersprache und Worten überzeugen kann. Im 19. Jahrhundert wurde der Naturforscher Alexander von Humboldt zu einer Art „Star" der Redekunst. Marcus Tullius Cicero wiederum gilt als Inbegriff der römischen Rhetorik, und der berühmteste Redner im antiken Athen, Demosthenes, liefert den Beweis dafür, dass man nicht als Meisterredner geboren sein muss, um es zu Spitzenleistungen zu bringen.

Die Stimme einer Weltmacht: US-Präsident Barack Obama

Selbst Hillary Clinton, seine Gegnerin im Wahlkampf, gibt zu, dass Barack Obama der bessere Redner von beiden ist. Keine Frage: Der 44. US-Präsident ist ein Ausnahmetalent am Rednerpult. Doch was macht ihn so erfolgreich?

Wer so zielsicher und entschlossen nach vorne schaut wie Obama, verkörpert Zuversicht. Wer sich dazu ruhig und kraftvoll vor seinem Publikum aufbaut, steht für Sicherheit und Verlässlichkeit – für Standfestigkeit eben. Wer so klar und präzise formuliert wie Obama, vermittelt Kompetenz und Glaubwürdigkeit. Mit Blicken, Körpersprache und Worten kommuniziert Obama immer wieder seine berühmte Kernbotschaft: „Yes, we can!" – Ja, wir können es schaffen!

Immer wieder hat Wahlkämpfer Obama dem Publikum diesen zentralen Satz vorgetragen, bis schließlich jeder seinen Slogan kannte. Kein Kandidat hat mit so viel Hartnäckigkeit und Erfolg seine Botschaft verbreitet.

Obama betont das Gemeinsame, nicht das Trennende. So hat er in seiner Antrittsrede am 20. Januar 2009 die gemeinsamen Werte der Vereinigten Staaten von Amerika ins Zentrum gerückt: „Es ist an der Zeit, uns auf unsere Ideale zu besinnen und den Lauf der Geschichte zu bestimmen, um das wunderbare Geschenk, diese großartige Idee weiterzutragen, die von Generation zu Generation weitergegeben worden ist: das gottgegebene Versprechen, dass alle Menschen gleich sind, frei sind und ein Recht darauf haben, ihr Glück zu versuchen", so Barack Obama vor 1,8 Millionen Zuschauern in Washington und vielen Millionen am Bildschirm.

Barack Obama redet nicht um den heißen Brei herum. Er legt den Finger in die Wunde, benennt Probleme, statt sie schönzureden. Der entscheidende Punkt aber liegt darin, dass er trotzdem Hoffnung verbreitet, dass er Zuversicht vermittelt. „Wir stecken mitten in einer Krise", gibt er gleich zu Beginn seiner Antrittsrede unumwunden zu, aber er fügt hinzu, dass er alles tun wird, um diese Krise zu überwinden: „Die Lage ist ernst, wir haben viele Probleme, die wir nicht auf die Schnelle werden lösen können. Aber lassen Sie mich dies sagen: Amerika wird sie lösen."

Obama zelebriert zudem die Illusion, dass er völlig frei redet, ohne Manuskript. Er beschwört den Mythos einer Ansprache direkt aus seiner Seele in die Seelen seiner Zuhörer. Doch Achtung: Die scheinbar aus dem Stegreif gehaltenen Reden des US-Präsidenten sind bestens vorbereitet und werden keineswegs so frei gehalten, wie es scheint. Allerdings schaut Obama nicht auf ein Manuskript. Der Text wird ihm per Teleprompter eingespielt: Über zwei leicht getönte Glasflächen links und rechts vom Rednerpult kann er ihn ablesen.

Reden fürs Volk: Alexander von Humboldt

Der berühmte Naturforscher Alexander von Humboldt (1769–1859, „Ansichten der Natur") gilt als einer der besten

Redner seiner Zeit, und auch in dieser Eigenschaft betrat er Neuland. Sein Ziel war es, die Erkenntnisse aus seinen Forschungsreisen in Vorträgen weiterzugeben. Vom Herbst 1827 bis zum Frühjahr 1828 hielt er zunächst seine 61 „Kosmosvorlesungen" an der Berliner Universität – also für ein akademisches Publikum. Mit diesen spannenden Vorträgen über die „physikalische Erd- und Weltbeschreibung" erzielte er einen unglaublichen Erfolg. Humboldts Vorträge wurden zum Stadtgespräch der Saison und in der Presse bejubelt, die Hörsäle waren von der ersten bis zur letzten Vorlesung überfüllt.

Humboldt entscheidet sich schließlich, eine zweite, auf 16 Vorlesungen verkürzte Vortragsreihe für ein allgemein interessiertes Publikum durchzuführen. Diese Vorträge hält der Naturforscher in der Singakademie, die damals den größten Vortragssaal in Berlin besitzt – um die tausend Sitzplätze umfassend und zentral am Boulevard Unter den Linden gelegen. Auch dieser Saal platzt aus den Nähten. Das Publikum reicht vom Handwerker bis zum Gelehrten, vom Kaufmann bis zu König Friedrich Wilhelm III. persönlich. Ungewöhnlich viele Frauen finden sich ein. Wie gelingt es Humboldt, seine Zuhörer dermaßen in seinen Bann zu ziehen?

Der berühmte Naturforscher präsentiert nicht nur spannende Erkenntnisse über die von ihm erforschte Tier- und Pflanzenwelt, über die Sterne und das Universum. Humboldt fesselt sein Publikum, weil er eine ganze Stunde allein mithilfe von Notizzetteln, also ohne ausformuliertes Manuskript, eine glänzende, packende Rede halten kann. Als „Sternstunden in der Geschichte der Wissenschaftspopularisierung" bezeichnet der Germanist Manfred Geier in seinem Buch über die Brüder Humboldt diese Großereignisse. Goethes Freund Carl Friedrich Zelter schwärmt in einem Brief an den Dichterfürsten über Humboldts rhetorisches Talent: „Ein Mann steht vor mir, meiner Art, der hat, was er gibt, ohne zu kargen: (…) keine Vorrederei, kein Dunst, keine Kunst."

Goethe bestätigt diese Einschätzung in einem späteren Brief an seinen Duzfreund Zelter: „Das außerordentliche Talent dieses außerordentlichen Mannes äußert sich in seinem mündlichen Vortrag."

Römische Redekunst: Cicero

Marcus Tullius Cicero (106−43 v. Chr.) war der berühmteste Redner im antiken Rom. Er hielt packende politische Ansprachen vor dem Senat und dem Volk, daneben wirkte er als überzeugender Verteidiger vor Gericht. In seiner Schrift „De oratore" („Über den Redner") legte er das theoretische Fundament für die Redekunst. Viele seiner Ausführungen besitzen noch heute Gültigkeit.

Vom perfekten Redner, dem „orator perfectus", verlangt Cicero mehr als die reine Beherrschung der technischen Finessen. Natürlich sollte er die Sprache und ihre Stilmittel überzeugend einsetzen. Aber in Ciceros Augen vereint der perfekte Redner die Beredsamkeit stets mit der Weisheit – eine klare Absage an alle Demagogen, ein klares Nein zur Manipulation.

Ciceros „Grundlagenforschung" hat noch heute Bestand – etwa seine Einsichten zur notwendigen Vorgehensweise beim Anfertigen und Halten einer Rede. Laut Cicero besteht die Redekunst aus fünf Arbeitsschritten:

- Inventio: Finden des Grundgedankens, der Grundidee
- Dispositio: Gliederung, Strukturierung der Gedanken und Argumente
- Elocutio: das Feilen am richtigen sprachlichen Ausdruck
- Memoria: das Einprägen, Auswendiglernen der Rede (damals ein gängiges Verfahren!)
- Pronunciatio/Actio: der Vortrag selbst, die Bekräftigung der Worte mit Stimme, Mimik und Gestik

Auch Ciceros Bemerkungen zum Aufbau, zur richtigen Struktur einer Rede sind keineswegs Schnee von gestern. Der große Römer versteht die Rede als Argumentation, als politische Stellungnahme, als Plädoyer vor Gericht, wenn er sinnvollerweise den folgenden Grundaufbau vorschlägt:

1. Exordium: die Einleitung
2. Narratio: Erzählen des Tatbestandes

3. Propositio: Die Formulierung der Streitfrage
4. Confirmatio: die Beweisführung mit Pro- und Kontra-Argumenten
5. Peroratio: der Schluss

In einem weiteren Werk, „Orator" („Der Redner"), benannte Cicero zudem die drei Hauptaufgaben des Redners: „beweisen, erfreuen, umstimmen" (probare, delectare, flectere).

Was aber machte ihn selbst zum herausragenden Redner? Cicero überzeugte vor allem in der Praxis und beherrschte die Kunst der Argumentation und der Stilistik wie kein anderer. Dabei passte er seine Rede sehr genau dem Anlass und dem Publikum an. Vor Gericht schreckte er jedoch nicht davor zurück, das Privatleben seines Gegners öffentlich zu machen oder gar Gerüchte und üble Nachrede zu verbreiten. Dass Cicero elegant wie ein Fechter mit Witz und Schlagfertigkeit, mit Ironie und beißendem Spott hantierte, versteht sich fast schon von selbst.

Übrigens erkannte schon Cicero, dass noch die geschliffenste Rhetorik wenig nützt, wenn der Redner nicht hinter seinem Anliegen steht. Der Vortragende muss selbst von sich überzeugt sein, um andere überzeugen zu können. Er sollte also nie etwas behaupten, hinter dem er nicht steht – das Publikum wird es merken.

Auf den Punkt gebracht: Zitate von Cicero

„Fortuna ist blind." +++ „Jedem das Seine." +++ „Einen sicheren Freund erkennt man in einer unsicheren Lage." +++ „Die Welt ist ein Irrenhaus." +++ „Die sorgenfreie Erinnerung an vergangenen Schmerz bringt nämlich Freude." +++ „Ein Brief errötet nicht." +++ „Arbeiten sind angenehm, wenn sie getan sind." +++ „Der Mensch glaubt, nichts Menschliches ist ihm fremd." +++ „Oft steckt unter schmutziger Kleidung Weisheit." +++ „Erkenne dich selbst!"

Hart erkämpfte Redekunst: der Grieche Demosthenes

Wie Cicero war er Anwalt, Politiker und Meisterredner in einer Person: Demosthenes gilt als der berühmteste Redner des antiken Griechenland. Er lebte von 384 bis 322 v. Chr., zeitgleich also mit dem Philosophen Aristoteles.

Der Lebensweg des Demosthenes kann uns alle, die wir nicht als Meisterredner geboren sind, motivieren und anspornen. Denn er beweist, wie weit man es mit konsequentem, ausdauerndem Training bringen kann. Denn der Sohn eines Waffenschmieds startete mit zahlreichen Handicaps: Er litt an einem Sprachfehler und hatte Schwierigkeiten mit der Atemtechnik. Seine Stimme war ebenso schwach ausgeprägt wie seine Körpersprache.

Doch Demosthenes erkannte seine Schwachstellen und ging konsequent daran, sie zu beheben – so sagt es zumindest die Überlieferung. Um seine Stimme zu kräftigen, stellte er sich ans Meer und schrie gegen die Brandung an. Er übte das Reden mit Kieselsteinen im Mund und rezitierte Verse, während er lief. Um seine Atmung zu trainieren, absolvierte er anstrengende Bergtouren. Um sich ein Schulterzucken abzugewöhnen, legte er ein Schwert auf seine nackten Schultern. Und um die Brustatmung zu üben, legte er sich auf den Boden und beschwerte seinen Oberkörper mit einer Bleiplatte. Demosthenes beweist, dass jeder es schaffen kann, ein überzeugender Redner und Referent zu werden. Wer konsequent trainiert und sich sorgfältig vorbereitet, kann auch eine überzeugende Präsentation liefern.

Womit aber wurde Demosthenes zum berühmtesten Redner Athens? Nun, er verband nüchterne Überlegung mit hoher Emotionalität, er beherrschte sämtliche Stilebenen vom Poetischen bis zum Vulgären. Seine Reden gegen König Philipp von Makedonien – worauf der Ausdruck „Philippika" zurückgeht – rissen die Athener auf einer Welle der nationalen Erregung mit. Der Angegriffene selbst soll Demosthenes' dritte Rede voller Respekt kommentiert haben: „Ich glaube, wenn ich diese Rede mit angehört hätte, dann hätte ich vielleicht gegen mich selbst gestimmt."

Ein großer Redner in Aktion: Wie Demosthenes den Athenern den Rechtsstaat schmackhaft macht

Hier ein Beispiel für die ausgefeilte Redekunst des Demosthenes: Er erklärt seinen athenischen Mitbürgern Sinn und Zweck des Rechtsstaats an einem einfachen Beispiel: „Denkt einmal darüber nach: In dem Moment, in dem sich dieses Gericht erhebt, wird jeder von Euch nach Hause gehen, der eine schneller, der andere entspannter, aber alle ohne Furcht, ohne sich nach hinten umzuschauen, ohne sich besorgt zu fragen, ob er auf einen Freund oder auf einen Gegner treffen könnte, auf einen großen Mann oder auf einen kleinen Mann, einen starken Mann oder einen schwachen Mann. Und warum? Weil er in seinem Herzen erfahren hat und weiß, weil er die Zuversicht hat, dass er dem Staat vertrauen kann, dass ihn niemand fassen, beleidigen oder angreifen wird."

Demosthenes, „Rede gegen Meidias"

Das bildhafte Sprechen demonstrierte Demosthenes geschickt, als er mittels einer Rede Alexander den Großen in die Schranken wies. Die Forderungen des Herrschers verglich er mit dem Vorschlag eines Wolfs, der einer Schafherde Freundschaft zusagt unter der Bedingung, dass man ihm den Schäfer und seine Hunde ausliefert.

Welches Medium passt am besten zu meiner Präsentation? Ein Überblick

Medien sind Mittel zum Zweck. Sie vermitteln aber auch mehr oder weniger unterschwellige Botschaften – durch die Art, wie sie Wissen bündeln und kanalisieren. Die Kernfrage lautet hier: Welches Medium eignet sich am besten für welchen Zweck? Das Gute: Die Medienpalette ist so groß, dass Sie mit Sicherheit eine maßgeschneiderte Lösung finden. Verschaffen wir uns daher zunächst einen Überblick. Anschließend können Sie in Ruhe überlegen: Entscheiden Sie sich für das millionenfach bewährte Softwareprogramm PowerPoint? Wählen Sie die Metaplan®-Methode mit Pinnwänden und Moderationskarten? Begleiten Sie Ihren Vortrag mit wenigen Stichworten am Flipchart? Oder – und damit beginnen wir – verzichten Sie komplett auf Medien und konzentrieren sich auf das gesprochene Wort?

Völliger Verzicht auf Medien – es gilt das gesprochene Wort

Ja, Sie haben richtig gelesen, denn weniger kann manchmal mehr sein. Wenn Sie komplett auf mediale Hilfsmittel verzichten, erreichen Sie eventuell mehr als mit einer perfekten Multimediashow. Wenn Sie gerade Ihre allererste Präsentation planen, sollten Sie jedoch lieber mit Medien arbeiten – sie geben Ihnen Sicherheit und Unterstützung. Haben Sie Ihre ersten Präsentationen erfolgreich bewältigt, fassen Sie ruhig einmal einen medienfreien Vortrag ins Auge. Was sind die Vorteile bei einem völligen Verzicht auf unterstützende Medien?

- Medien lenken die Aufmerksamkeit von Ihrer Person ab. Präsentieren Sie ohne Medien, und stehen Sie selbst im Mittelpunkt.
- Auf Medien sollten Sie nur dann zurückgreifen, wenn Sie sie beherrschen und genau überlegt haben, wie Sie sie einsetzen werden. (Nicht zuletzt dazu soll Ihnen die Lektüre dieses Buches dienen.)

Das heißt allerdings nicht, dass Sie ohne ein ausformuliertes Manuskript oder nur mit einem Stichwortzettel vor Ihr Publikum treten sollten. Bedenken Sie folgende Risiken:

- Sie haben in diesem Fall kein Gerüst, das Ihnen Halt gibt.
- Es wird schwierig für Sie, eine richtig gute Rede zu halten. Wenn Sie improvisieren, überlassen Sie es weitgehend dem Zufall, ob Ihnen gerade eine passende humorvolle Bemerkung oder ein glanzvolles rhetorisches Stilmittel einfällt.

Wenn Sie dagegen einen Vortrag vorher schriftlich ausarbeiten, nutzen Sie folgende Vorteile:

- Sie reduzieren Stress und Nervosität, weil Sie jetzt genau wissen, was Sie sagen werden. Sie gewinnen Selbstsicherheit und Erfolgsgewissheit.
- Ihre Rede gewinnt an Qualität, denn Sie können alles vorher planen: eine Spannungskurve, einen dramatischen Effekt, eine witzige Anekdote am Schluss.

Weitere Punkte, die für einen ausgearbeiteten Text sprechen: Das Manuskript bewahrt Sie vor Fettnäpfchen – zum Beispiel vor der falschen Anrede eines wichtigen Gastes, etwa bei einem Kongress. Sie können Ihre Redezeit perfekt planen: Ihre Rede wird weder zu kurz noch zu lang – gesetzt, Sie üben den Vortrag und stoppen dabei die Zeit!

Die Software für alle Lebenslagen: Microsoft PowerPoint

Wer „Präsentation" sagt, meint meistens „PowerPoint". Offizielle Zahlen gibt der Hersteller Microsoft zwar nicht heraus, aber PowerPoint wird millionenfach genutzt. Und das zu Recht! Diese Vortrags- und Präsentationssoftware ist enorm praktisch und zudem Teil des Microsoft-Office-Paketes, das heißt auf zahlreichen PCs und Laptops bereits beim Kauf mit installiert.

Mit PowerPoint können Sie eine feste Abfolge von Seiten („Folien") erstellen, die Sie einzeln per Mausklick abrufen oder automatisch wie eine Diashow ablaufen lassen – am Bildschirm oder für großes Publikum per Beamer auf eine Leinwand projiziert. Sie können Ihre Präsentation auch ausdrucken, vollautomatisch ablaufen lassen („Kioskpräsentation") oder als Website ins Internet oder ins Intranet stellen.

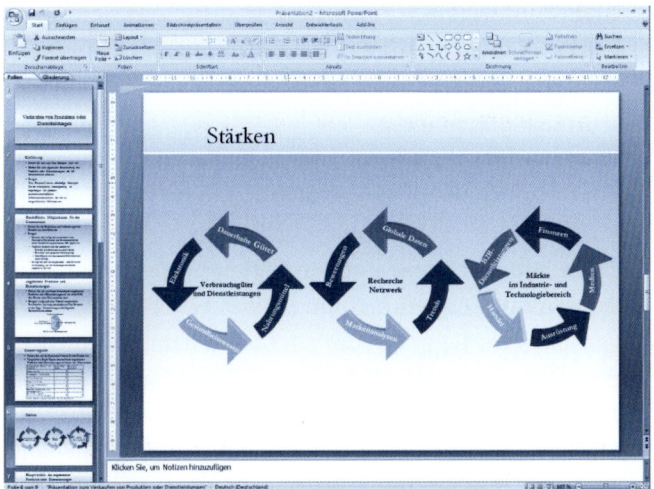

Das Präsentationsprogramm Microsoft PowerPoint ist heute nicht mehr wegzudenken, wenn es um anschauliche Vorträge, Referate und Präsentationen geht.

PowerPoint funktioniert wie ein Baukastensystem, mit dem Sie alle Teilbereiche einer Präsentation erstellen können: Das reicht von der Gliederung des Vortrags und der einheitlichen, ansprechenden Gestaltung der einzelnen Folien bis zum Einfügen von Grafiken, Fotos oder sogar Musik und Toneffekten.

Der Gesamteindruck ist in der Regel hochprofessionell. Die wichtigsten Vorteile von PowerPoint sind:

■ PowerPoint lässt sich schnell erlernen. Sie können sich rasch mit den wichtigsten Befehlen vertraut machen und sind ohne größeren Zeitaufwand in der Lage, eine erste Präsentation zu erstellen.

■ Kerninformationen lassen sich übersichtlich und anschaulich präsentieren.

■ PowerPoint-Folien zeigen ihre Stärke als begleitende Kurzinformation zu einem ausformulierten Manuskript.

■ Ausdrucke der Folien lassen sich leicht als Handouts an das Publikum verteilen und in Tagungsmappen einfügen.

■ Sie müssen nicht einmal Ihr eigenes Notebook mitbringen: Steht im Tagungsraum ein Laptop bereit, können Sie Ihre fertige PowerPoint-Präsentation per Datenstick dort einspielen.

■ Mit PowerPoint werden Sie zum Filmregisseur. Sie können das Publikum mit optischen Tricks ins Staunen versetzen. Da sausen die Unterpunkte einer Gliederung von rechts ins Bild, da verblasst eine Folie und die nächste blendet sich elegant ein – wie im Kino. Sie haben die Möglichkeit, Fanfaren und Werbe-Jingles ertönen zu lassen und sogar mit bewegten Bildern zu zaubern.

Doch die Stärken können leicht zur Stolperfalle werden. Auch PowerPoint hat seine Schwachstellen beziehungsweise Tücken:

■ Die zahlreichen Tricks und Effekte von PowerPoint sollte man nicht überreizen. Sparsamer Einsatz ist effektvoller.

■ Wird bei einer Tagung etwa permanent mit PowerPoint präsentiert, fallen Sie positiv auf, wenn Sie darauf verzichten.

- Oft sind die Folien zu sehr mit Informationen überladen.
- Langeweile droht, wenn der Vortragende lediglich den Folientext abliest. Tipp: Halten Sie vor allem Blickkontakt zum Publikum. Schauen Sie nicht permanent auf Ihre eigene Präsentation auf der Leinwand.

Stärken Sie die Aufmerksamkeit, indem Sie PowerPoint nur punktuell nutzen!

PowerPoint eignet sich hervorragend, um Ihren Vortrag zu unterstützen und Kernbotschaften zu visualisieren. Versuchen Sie doch einmal, PowerPoint nur sehr zurückhaltend und dezent, aber dafür umso wirkungsvoller einzusetzen.

Beispiele: Zeigen Sie auf den Folien lediglich die *Gliederung* Ihres Vortrags. Oder heben Sie ausschließlich den Punkt optisch hervor, den Sie gerade behandeln. Machen Sie *Zahlen und Zahlenwerke* anschaulich sichtbar – das können Firmenbilanzen oder neue Prämiensysteme in einer Versicherung sein. Blenden Sie wichtige *Zitate oder Kernsätze* auf PowerPoint-Folien ein, damit sie besser haften bleiben.

Übrigens: Als Alternative zu PowerPoint steht Ihnen eine kostenlose Software, eine sogenannte Shareware, für den Präsentationseinsatz zur Verfügung. Das Programm heißt Impress und ist Teil des Softwarepakets „OpenOffice". Sie können OpenOffice und damit auch Impress unter http://de.openoffice.org gratis herunterladen. Wenn Sie bereits mit PowerPoint gearbeitet haben, werden Sie keine Schwierigkeiten haben, sich auf Impress umzugewöhnen. Die Benutzeroberfläche und die Befehle sind sehr stark an PowerPoint angelehnt. Wagen Sie einfach einmal den Versuch!

Große Optik wie im Kino: der Beamer

Heutige Beamer sind klein, handlich und erschwinglich und lassen sich zusammen mit einem Laptop oft schon in einer Tasche gemeinsam transportieren. Oft sind die Beamer bereits fest in Tagungs- oder Konferenzräumen installiert.

Es gibt zwei Technologien – die LCD-Beamer und die DLP-Beamer. Beide sind für Präsentationen gleich gut geeignet, Unterschiede werden erst beim Abspielen von Filmen sichtbar. DLP-Beamer sind dabei ein wenig hochwertiger, dafür auch etwas teurer. Wichtig ist die Helligkeit der Lampe. Übliche Beamer haben eine Helligkeit von etwa 2000 ANSI Lumen. Berücksichtigen Sie, wie teuer eine Ersatzlampe ist.

Achtung: Beamer und Laptop werden mit einem VGA-/DVI-Kabel verbunden. Auch ein Verlängerungskabel und eine Mehrfachsteckdose sollten Sie zur Sicherheit mitbringen.

Was tun, wenn der Beamer kein Bild zeigt?

Wenn der Beamer kein Bild zeigt, liegt es oft daran, dass Sie dem Beamer erst mitteilen müssen, aus welcher Quelle er seine Daten erhält!

An der Fernbedienung des Beamers können Sie die Signalquelle auswählen (etwa über einen Schalter „Input").

Am Laptop lässt sich einstellen, ob die Präsentation nur am Bildschirm, parallel am Bildschirm und am Beamer oder ausschließlich am Beamer gezeigt werden soll.

Die Pinnwandmoderation oder die Metaplan®*-Präsentation

Sie sitzen im Saal oder im Konferenzraum, gleich soll eine Präsentation beginnen. Vor sich sehen Sie mehrere Stellwände, die mit braunem Packpapier bespannt sind. Am oberen Rand der Wände entdecken Sie eine Sammlung bunter Stecknadeln, die dort festgesteckt wurden. Auf einem Tisch steht ein aufgeklappter Aluminium-Koffer, in dem sich Pappkärtchen in verschiedenen Farben und diverse Filzstifte befinden. Keine Frage – Sie werden gleich eine Metaplan®-Präsentation erleben. Sie können sich schon einmal freuen: Wenn der Referent Metaplan® einsetzt, will er Sie vermutlich aktiv in den Vortrag einbeziehen.

---

* Eingetragenes Warenzeichen der Firma Metaplan®.

Die Pinnwandmoderation ermöglicht die schnelle Verdeutlichung von Zusammenhängen.

Denn Metaplan® wurde ursprünglich dafür erdacht und wird immer noch sehr oft dafür eingesetzt, Sitzungen und Diskussionen zu moderieren – vor allem, wenn Konflikte oder weit auseinanderklaffende Vorschläge zu erwarten sind. Doch Metaplan® eignet sich auch bestens für Präsentationen – und wird dafür immer öfter verwendet. Denn Metaplan® ermöglicht es, ein Thema gemeinsam im Team zu erarbeiten – und schafft damit mehr Aktivität der Seminar- oder Sitzungsteilnehmer, während bei einem PowerPoint-Vortrag Passivität und Langeweile aufkommen können – vor allem dann, wenn er ohne Dialog mit dem Publikum abläuft.

Bei Metaplan®-Moderationen geht es ebenfalls darum, möglichst viele Teilnehmer auch zur aktiven Teilnahme zu ermuntern. Das System erlaubt es, Gedankengänge zu entflechten, zu ordnen und Zusammenhänge zu verdeutlichen. Die begleitende Visualisierung an den Stellwänden erlaubt es, den abgesteckten Kurs eines Seminars beizubehalten und damit zu verhindern, dass man sich im Kreis dreht. Alle diese Vorteile lassen sich auch für Präsentationen nutzen.

Nutzen Sie die Formen und Farben der Pappkarten optimal, indem Sie jeder Form und jeder Farbe einen klaren Einsatzzweck zuweisen:

Form	Standardgröße	Zweck
Rechteckige Streifen	60 × 10 cm	Überschriften, Thesen
Rechteckige Karten	20 × 10 cm	Vorschläge, Kritikpunkte, Argumente
Ovale Kärtchen	20 × 10 cm	Ergänzungen
Runde Kärtchen	10 cm	Nummerierungen

Bitte bedenken Sie: Wenn Sie mit Metaplan® präsentieren, sollten Sie den Ablauf Ihres Vortrags genau planen. Wenn Sie Ihr Publikum einbeziehen, sollten Sie die Details vorher genau festlegen: Welche Aufträge geben Sie Ihren Zuhörern? Welche Materialien sollten für das Publikum bereitliegen? Wie formulieren Sie den Auftrag möglichst unmissverständlich?

In einer Metaplan®-Präsentation kann das Publikum aktiv einbezogen werden.

Tipps für Aktivitäten der Zuhörer:

- Formulieren Sie eine These und bitten Sie das Publikum um ein Pro- oder ein Kontra-Votum. Dazu erhält jeder farbige Klebepunkte. Jeder kommt zur Stellwand und klebt seinen Punkt unter die Überschriften Pro oder Kontra.
- Verteilen Sie die rechteckigen Karten und bitten Sie um Vorschläge in kurzen Stichworten. Die Vorschläge sammeln Sie an der Pinnwand und ordnen sie (entweder sofort oder später) nach Themen. So entsteht ein sichtbares Meinungsbild, auf das Sie immer wieder Bezug nehmen können.

So vermeiden Sie Metaplan®-Fettnäpfchen

Beachten Sie auch diese Basis-Tipps: Verwenden Sie am besten schwarze oder blaue Stifte – sie sind am besten lesbar! Wer zum ersten Mal mit Metaplan® arbeitet, sollte sich nicht scheuen, das Anpinnen der Karten an die Stellwand vorher einmal zu üben – am besten die Nadeln kraftvoll einstechen! Wer unbeholfen mit den Stecknadeln hantiert, verspielt gleich zu Beginn wertvolle Pluspunkte. Sie sollten genügend Nadeln vorrätig haben, eventuell an der Stellwand selbst Nadeln am Rand einstechen oder ein Nadelkissen verwenden. Beim Anbringen der Karten während des Vortrags sollten Sie nicht weiterreden, da Sie jetzt mit dem Rücken zum Publikum stehen.

Metaplan®-Materialien auf einen Blick:

Stellen Sie sicher, dass diese Materialien vorhanden sind: mehrere Stellwände, Packpapier zum Bespannen, Stecknadeln, Nadelkissen, Filzstifte in verschiedenen Farben, Pappkarten in verschiedenen Farben und Formen, Klebepunkte. Außerdem sinnvoll: eine Schere, um die Pappkarten schnell zu zerteilen, falls Sie zum Beispiel Dreiecke benötigen. Und mit einem Klebestift können Sie am Ende die Karten in ihrer Position aufkleben und das fertige „Bild" so für eine spätere Sitzung festhalten. Alternative: Sie fotografieren die Stellwand nach Abschluss der Präsentation. Die Firma Metaplan®, der Erfinder dieser Methode, bietet komplette Moderationskoffer mit allen Materialien. Auch andere Firmen bieten ähnliche Moderationskoffer.

Immer einsatzbereit: Flipcharts

Ein Flipchart ist ein recht schlichtes Medium: ein Block mit großen Blättern, auf einer Halterung meist leicht schräg aufgestellt, dazu ein paar Stifte. Sie finden Flipcharts in nahezu jedem Konferenzraum, und mit ihnen sind Sie unabhängig von Stromanschlüssen und fest installierten Leinwänden. Sie können auf dem Block zeichnen und schreiben und die Seiten wie bei einem Kalender nach hinten klappen. Achtung: Flipcharts sind nur bei einem Publikum von bis zu 25 Personen sinnvoll. Und ein Block hat nur 20 beziehungsweise 50 Blätter. Das setzt der Präsentation also Grenzen. Dennoch hat dieses Allzweckmedium eine Menge zu bieten:

- Großer Vorteil: Sie agieren live, wenn Sie etwa ein Diagramm anzeichnen oder einen kurzen Text anschreiben. Damit üben Sie persönlich eine starke Wirkung auf das Publikum aus. Diesen Effekt sollte man nicht unterschätzen (auch als eingeschobene Phase während einer PowerPoint-Präsentation).
- Sie können einen Gedanken Schritt für Schritt entwickeln und dabei gleichzeitig visualisieren, indem Sie das Gesagte in Stichworten auf dem Flipchart festhalten.
- Sie können Fragen der Zuhörer sofort stichwortartig festhalten.
- Sie können durch Zurückblättern schnell auf vorher erwähnte Inhalte zurückgreifen.

■ Nutzen Sie besondere Clous: Zeichnen Sie etwa vor der Präsentation die Umrisse einer Comicfigur auf ein Flipchart-Blatt, indem Sie diese vorher mit dem OHP auf das Blatt projizieren und die Linien mit dem Stift nachzeichnen. Dazu noch ein passender Merksatz oder eine Frage ans Publikum – ein toller Effekt.

Allerdings kann eine Präsentation per Flipchart dann zum Flop werden, wenn Ihre Handschrift absolut unleserlich ist. Übung macht hier also den Meister. Vermeiden sollten Sie, dass Sie …

■ zu lange zeichnen oder schreiben und dann mit dem Rücken zum Publikum stehen,

■ spontan Abkürzungen verwenden, die Sie später selbst nicht mehr entschlüsseln können,

■ ein Schaubild zu groß anlegen und den Rahmen des Blattes sprengen,

■ Ihren Flipchart mit vorab gezeichneten oder beschrifteten Seiten beim Transport zerknicken.

Je kompetenter Sie in Ihrem Thema sind, je sicherer Sie sich bei Ihrem Thema fühlen, desto eher empfiehlt sich der Vortrag mit Flipchart. Sie können Ihre Zuhörer damit besser beeindrucken als mit einer fertigen Präsentation am Laptop.

Unersetzlich im Alltag: der Overheadprojektor

Der Tageslicht- oder Overheadprojektor ist der Klassiker, man könnte auch sagen, der Oldtimer unter den Präsentationsmedien. Seine Vorteile liegen auf der Hand: Es sind so gut wie keine technischen Kenntnisse erforderlich, und die Geräte sind oft vorhanden – gerade in Schulen und Hochschulen. Weitere Vorteile:

- Die Klarsichtfolien lassen sich per Folienstift oder auch am Computer gestalten. Auf den Folien können Sie während der Präsentation handschriftliche Ergänzungen einfügen. Auch wenn Sie mit fertigen Folien arbeiten, sollten Sie also spezielle Folienstifte bereithalten.
- Mit einem Blatt Papier können Sie den Text auf einer Folie nach und nach aufdecken und damit die Aufmerksamkeit der Zuhörer und Zuschauer lenken.

So gestalten Sie Ihre OHP-Folien richtig!

Tipp zum Beschriften: Sie können zum Beschriften einfach eine zweite Folie über Ihre ausgedruckte Folie legen, wenn Sie diese ein weiteres Mal verwenden möchten.

Tipp für das Layout der Folien: Verwenden Sie ein quadratisches Layout. Passen Sie die Schriftgröße der Raumgröße an.

Wesentlicher Nachteil des Overheadprojektors: Wenn Sie sich als innovativ, modern und auf dem neuesten technischen Stand positionieren wollen, bringt Sie der OH-Projektor keinen Schritt voran. Im Gegenteil. In der Zeit von PowerPoint und Beamer ist dieses Medium so altmodisch wie ein Wählscheibentelefon mit Schnur. Dennoch ist es gerade in der Schule Standard.

> **Vorsicht, Falle: Wie Sie mit OHP-Folien Kopiergeräte und Drucker lahmlegen können!**
>
> Vorsicht ist beim Bedrucken der Folien am Drucker oder Fotokopiergerät angebracht. Eine ungeeignete, nicht hitzebeständige Folie kann Ihren Drucker oder Kopierer zerstören. Achtung: Für Tintenstrahldrucker gibt es spezielle Folien, die Inkjet-Folien. Sie sind etwas teurer als Folien für den Laserdrucker. Auch diese Folien nie für einen Laserdrucker oder Fotokopierer verwenden.

Modern und interaktiv: das Whiteboard

Der Name sagt es schon: Das Whiteboard ist eine weiße Tafel – allerdings eine Tafel, die fast schon mitdenken kann. Das „weiße Brett" hängt an der Wand und verbirgt ein elektronisches Innenleben, es kann wie ein Touchscreen auf Ihre Berührungen reagieren, und Sie können darauf schreiben, ohne bleibende Spuren zu hinterlassen.

Weltweit sind schon mehr als eine Million dieser Tafeln im Einsatz, zwei Drittel davon an Schulen und Universitäten. Doch auch bei Business-Präsentationen ist das interaktive Whiteboard auf dem Vormarsch. Die oft synonym gebrauchte Bezeichnung „Smart Board" meint streng genommen die interaktiven Tafeln der Firma Smart Technologies.

Zum Board gehören ein PC, ein Beamer und ein USB-Kabel, um es an den PC anzuschließen. Whiteboards werden auch im Paket mit einem integrierten Beamer angeboten, der fest über der interaktiven Tafel montiert ist. Sie funktionieren mit den Betriebssystemen Windows, Mac OS X und Linux.

Erster Kernzweck des Whiteboards ist es, das Geschehen an einem PC-Bildschirm für alle sichtbar an die Wand zu werfen. Beim Referieren wird der Finger zur Maus! Statt mit der Maus auf Bildschirmsymbole zu klicken, berührt der Referent diese Symbole einfach mit seinem Finger. Ein schnelles zweifaches Anticken entspricht also dem Doppelklick. Verfügt der PC über eine Internet-Verbindung, lässt sich die komplette Welt des World Wide Web für Ihre Präsentation nutzen – mit all ihren Möglichkeiten.

Zweitens lässt sich das Whiteboard wie die gute alte Schultafel oder wie ein Flipchart beschriften – nicht mit Kreide oder Filzstiften, sondern mit Spezialstiften, die keine „echten" Spuren hinterlassen. Nur auf Ihrem projizierten Bild erscheint die Schrift. Der Zeigefinger oder sogar ein Tennisball lassen sich ebenfalls als Schreibwerkzeuge nutzen.

Alle Notizen und Zeichnungen, die Sie auf dem interaktiven Whiteboard anfertigen, können Sie auf dem PC abspeichern. Mit einem Spezialschwamm (oder Ihrer geballten Faust) lassen sie sich jedoch immer wieder wegwischen und korrigieren. Weiterer Clou: Ihre Tafel kann mehr zeigen als lediglich Ihre Handschrift. Steigern Sie den visuellen Reiz Ihrer Präsentation, indem Sie zusätzlich Grafiken, Fotos, Skizzen oder komplette Textblöcke einbauen, die Sie entweder auf Ihrem PC gespeichert haben oder direkt aus dem Internet herunterladen.

© SMART Technologies (Germany) GmbH

Das Whiteboard unterstützt die interaktive Präsentation und verbindet die Vorteile von Computerbildschirm und Tafel oder Flipchart. Ein wirklicher Gewinn für Präsentationen ist es, dass sich die beiden Vorteile des Whiteboards kombinieren lassen. Halten Sie eine Präsentation, etwa mit PowerPoint, können Sie Ihre fertigen Folien nicht nur zeigen, sondern während der Präsentation handschriftlich ergänzen, etwa mit Unterstreichungen, Markierungen oder Textergänzungen. Das Resultat können Sie nun als neue Datei speichern und Ihren Zuhörern, etwa Ihren Geschäftspartnern, zumailen. In der Schule wiederum ist es nun möglich, dass Schüler in Freiarbeitsphasen oder zu Hause eigenständig auf abgespeicherte Tafelbilder zurückgreifen, etwa, wenn sie versäumten Stoff nachholen möchten.

So justieren Sie den Beamer präzise auf den Punkt

Ist Ihr Beamer nicht fest an das Whiteboard montiert, müssen Sie vor der Präsentation beide Geräte aufeinander abstimmen, also Beamer und Board kalibrieren. Stellen Sie den Beamer so auf, dass die Projektion auf der Leinwand stimmt. Diese Position dürfen Sie später nicht mehr verändern. Nun folgt das eigentliche Kalibrieren: Dazu drücken Sie gleichzeitig zwei Knöpfe auf der Ablagefläche unterhalb des interaktiven Whiteboards. Nun erscheinen auf dem Board mehrere Felder mit Kreuzen. Ziehen Sie nun mit dem Spezialstift eine kurze Linie genau bis zum Mittelpunkt des jeweiligen Kreuzes. Sie finden diesen Punkt auf diese Weise besser, als wenn Sie ihn nur anticken würden. Das war's schon.

Wenn Sie eine PowerPoint-Präsentation über das Whiteboard laufen lassen, können Sie Ihr Publikum mit einigen sehr wirkungsvollen Zusatzeffekten verblüffen:

- Um die nächste Folie zu starten, ticken Sie mit dem Finger zweimal auf das Board – zuerst links, dann rechts. Möchten Sie noch einmal die vorige Folie zeigen, ticken Sie zuerst rechts, dann links.

- Zum Weiterblättern der Folien öffnet sich alternativ ein Minimenü, das nur aus Pfeil links, Pfeil rechts und einem Mittelfeld besteht. Über das Mittelfeld können Sie „Tintenanmerkungen speichern“ – also alles festhalten, was Sie mit dem Stift eingefügt haben. Sie können eine „leere Folie hineinkopieren“ – und nun auf dieser zusätzlich eingefügten leeren Folie weitere Erläuterungen oder Nachfragen aus dem Publikum festhalten. Es ist also kein Medienwechsel zum Flipchart nötig. Die Datei kann sofort als Protokoll verschickt werden.

- Auf einer Menüleiste links können Sie das Symbol „Spotlight“ anklicken. Jetzt erleuchtet ein beweglicher „Scheinwerfer“ einen kreisförmigen Ausschnitt auf Ihrem Text – das wirkt natürlich spektakulärer, als wenn Sie mit einem Laserpointer darauf zeigen würden.

- Mit dem Symbol „Bildschirmvorhang“ können Sie die Tafel komplett oder teilweise abdecken – und so nach und nach Ihren Präsentationstext zum Vorschein bringen.

- Als Highlight der Präsentation lässt sich eine Dokumentenkamera anschließen, ein Zusatzgerät, mit dem Sie einen Taschenrechner oder andere kleinere Geräte filmen und deren Funktion gut sichtbar auf der großen Leinwand demonstrieren können.

Die Vorteile des Whiteboards können Sie für Präsentationen immer dann nutzen, wenn ein hohes Maß an Transparenz und Interaktivität gefordert ist. So setzt ein Consulting-Unternehmen für die Baumaschinen- und Energiebranche das Smart Board in sämtlichen Phasen eines Beratungsvorgangs ein. Zunächst nutzt das Beraterteam das Whiteboard für seine internen Planungsmeetings. Hier geht es darum, eine Präsentation zunächst im Beraterteam zu entwerfen und zu optimieren. Alle Kritikpunkte, alle neuen Ideen können die Berater sofort auf der interaktiven Tafel festhalten und einarbeiten.

Im zweiten Schritt nutzen die Berater das Board für die Präsentation vor dem Kunden. Wünsche des Kunden werden anschließend sofort mit „digitaler Tinte" festgehalten. Statt eines Protokolls speichern die Berater die neue Datei und schicken sie digital an den Kunden – schneller geht es nicht.

Die neue Datei wiederum wird nun im dritten Arbeitsschritt zur Grundlage für weitere Schulungen aufseiten des Kunden. Bei größeren Firmen werden jetzt zum Beispiel alle Abteilungsleiter oder einzelne Teams mit dieser Präsentationsvorlage geschult.

Für Lehrer bietet der Smart-Board-Hersteller Smart Technologies übrigens eine Internet-Plattform zum Austausch und Download von Unterrichtsmaterialien an: http://exchange. smarttech.com. Und die mit dem Smart Board mitgelieferte Unterrichtssoftware Smart Notebook bietet zahlreiche Grafiken und Visualisierungshilfen, die auch für Präsentationen hilfreich sind.

Die fabelhafte Welt der Präsentationen: Fallbeispiele aus Beruf, Hochschule und Schule

Vom knappen Grußwort bis zum Fachvortrag: Präsentationen können sehr unterschiedlich angelegt sein. Viele der in diesem Buch aufgezeigten Tipps gelten ganz allgemein, einige Ratschläge aber nur für bestimmte Vortragstypen. Deshalb finden Sie in diesem Kapitel konkrete Einblicke in sehr unterschiedliche Arten der Präsentation. Das Spektrum reicht vom Referat in der Schule und von der Präsentation an der Universität oder Fachhochschule bis zur Wettbewerbspräsentation in einer Werbeagentur. Dazwischen finden Sie Informatives über das Grußwort und den Kurzvortrag, zur Projektpräsentation in Firmen wie zu Produktvorstellungen für Handelsvertreter und der Präsentation von Finanzzahlen, etwa bei börsennotierten Unternehmen. Wählen Sie gezielt aus, was Sie betrifft – oder schauen Sie sich einmal um in der weiten Welt der Präsentationen.

Grußwort und Kurzvortrag

Sie sollen ein Grußwort sprechen oder einen Kurzvortrag halten? Das ist kein Grund zur Panik, sondern Anlass zur Vorfreude. Denn ein Grußwort dauert höchstens fünf

Minuten und bietet Ihnen die Chance, am Rednerpult zu stehen, ohne dass Sie gleich eine volle 30-Minuten-Rede halten müssen. Grußworte spricht häufig ein Veranstalter, ein Schirmherr, ein Chef im Hintergrund, bevor die eigentliche Tagung oder Veranstaltung beginnt. Beim jährlichen „Medienforum Nordrhein-Westfalen" in Köln hören die Medienexperten anfangs Grußworte vom Ministerpräsidenten des Bundeslandes und vom Kölner Oberbürgermeister. Beim Jahreskongress der Deutschen Gesellschaft für Chirurgie gibt es unter anderem ein Grußwort des Präsidenten der Deutschen Gesellschaft für Allgemein- und Viszeralchirurgie.

Unabdingbar beim Grußwort ist es, eine positive Grundstimmung zu verbreiten, vielleicht sogar eine Aufbruchsstimmung. Schließlich wollen Sie das Publikum im Saal ermuntern, bei der nun folgenden Tagung aufmerksam zuzuhören oder engagiert mitzuarbeiten. Da das Grußwort kurz ist, sollten möglichst nur wenige Leitgedanken im Zentrum stehen. Ein einziger Kernaspekt kann schon ausreichen. Schließlich erteilte bereits Martin Luther Rednern den Ratschlag: „Tritt frisch auf, mach's Maul auf, hör bald auf." Weiterhin kommt es darauf an, die Form zu wahren und vor allem die anwesenden Entscheider, Direktoren, Präsidenten und andere Personen von Wichtigkeit zu Beginn korrekt zu begrüßen. Den wichtigsten Menschen begrüßen wir natürlich zuerst: „Sehr geehrter Herr Ministerpräsident, sehr geehrter Herr Direktor Meier, liebe Gäste!"

Werden Sie gebeten, bei einem Kongress, einer Jubiläumsfeier oder einem Workshop einen spontanen Kurzvortrag zu halten, ist es ratsam, wenn Sie sich bei Ihrer Argumentation auf ein Zwei-Stufen-System beschränken. Somit geben Sie sogar einem spontan notwendigen Kurzvortrag eine Struktur, die sich einprägt. Erklären Sie etwa, wie etwas früher war und morgen sein wird. Stellen Sie die externe und interne Sicht gegenüber oder vergleichen Sie Theorie und Praxis.

Präsentation eines Arbeitsgruppenprojekts für einen Vorgesetzten oder Auftraggeber

Projekte bringen Erneuerung in die Firma, die Abteilung oder das Team. Und Erneuerung kann Euphorie und Vorfreude auslösen, sie kann aber auch Angst und Misstrauen schüren. Wer Projekte leitet und präsentiert, muss bedenken, dass viele Neuerungen von den Betroffenen nicht nur als positiv erlebt werden. Das gilt für das groß angelegte Kostendämpfungsprojekt „Power8" beim Flugzeugbauer Airbus, das durch die Presse ging, über die Einführung einer neuen Buchhaltungssoftware bei einer Versicherung bis zur Fusion zweier Schulen und die gleichzeitige Einführung eines neuen Konzepts in den fünften Klassen, für die an meiner Schule das Projekt „Fit für Fünf" eingerichtet wurde.

Der erste zentrale Faktor ist daher die umfassende Kommunikation. Mit jeder Präsentation leisten Sie viel mehr, als nur über den aktuellen Stand zu informieren. Jede Präsentation vermittelt jeder Gruppe, die am Projekt beteiligt ist, eine klare Botschaft über ihre Wichtigkeit:

- Die *Auftraggeber* erfahren und erleben, dass das Projekt bei Ihrer Person in guten Händen ist.
- Die *Teammitglieder* erhalten die Bestätigung für ihre Leistung und zugleich den Ansporn für neue Leistungen.
- Die *späteren Anwender* des Projektergebnisses werden auf die Vorteile eingestimmt, die das Projekt nach Abschluss für sie haben wird. Das Misstrauen gegen eventuelle Nachteile der Neuerung wird ausgeräumt.

Projekte brauchen Akzeptanz von allen Beteiligten, deshalb sind klangvolle, optimistische Bezeichnungen wie „Power8" oder „Fit für Fünf" für das Projekt sowie eine einheitliche Optik für alle Präsentationen der nächste Schritt zum Erfolg.

Die Kernfrage für Shakespeares Hamlet lautete „Sein oder nicht sein". Eine Kernfrage für Projektpräsentationen lautet: „vor, während oder nach"! Die Antwort ist jedoch: „sowohl als auch"! Denn üblicherweise haben Sie in allen Phasen des Projekts Präsentationen abzuliefern. Vor dem eigentlichen Projekt stellen Sie zunächst Ihr Konzept vor, um von Ihrem Chef die Genehmigung zu erhalten, dieses Projekt zu verwirklichen. Während der Projektphase informieren Sie immer wieder über den jeweiligen Stand der Dinge. Und nach dem Abschluss liefern Sie einen Gesamtbericht und begleiten eventuell noch die Umsetzung des Projekts.

Beginnen wir mit Ihrer ersten Präsentation. Noch haben Sie das Projekt nicht in der Tasche, für Sie geht es zuerst darum, den Auftrag zu bekommen. Ihr Ziel beim Auftaktmeeting ist es, Ihren Chef, Ihr Management oder Ihren Auftraggeber auf Ihre Seite zu ziehen.

Findet Ihre Präsentation während eines längeren Meetings statt, gewinnen Sie sofort Sympathiepunkte, wenn Sie die Zeit der Anwesenden nicht unnötig in Anspruch nehmen, sondern straff und gut strukturiert referieren. Zahlreiche Führungskräfte klagen über zu viele und zu lange Meetings. Setzen Sie hier ein positives Signal, und seien Sie weder ein Langweiler noch eine Plaudertasche!

Sie sind gut vorbereitet, und Ihre Kompetenz steht sowieso außer Frage. Wichtig ist, Ihre Kollegen und Ihren Chef auch emotional auf Ihre Seite zu ziehen. Die Formel dazu lautet: „Erfolg = Qualität + emotionale Akzeptanz". Schaffen Sie also eine positive, freundliche Atmosphäre. Binden Sie Ihren Vorgesetzten und Ihre Kollegen von Anfang an ein. Und gehen Sie auf Fragen und Einwände konstruktiv ein. Präsentieren Sie nie ausschließlich Zahlen und Fakten. Bedenken Sie, dass Ihr Vortrag zu 50 Prozent die Aufgabe hat, das Vertrauen in Sie und Ihr Team zu stärken.

Haben Sie den Auftrag in der Tasche, prägen Sie sich für alle nun folgenden Präsentationen gleich Ihren Leitsatz ein: Eine kompetente Präsentation ist Ihre Visitenkarte als kompetenter Projektmanager! Sorgen Sie also immer für optimale Rahmenbedingungen. Lassen Sie sich nie zu „Spontan-Präsentationen" überreden. Erstellen Sie für das gesamte Projekt am besten einen Präsentationsplan mit festen Terminen, auf die Sie hinarbeiten.

Ihre nächste Aufgabe ist es, in gewissen Abständen die Ergebnisse Ihrer Projektarbeit vorzustellen. Bereiten Sie diese Präsentationen sorgfältig vor. Denn der Auftraggeber wird aus der Qualität Ihres Vortrags seine Rückschlüsse auf die Qualität Ihrer Leistung als Projektleiter ziehen.

Vermitteln Sie bei Ihren Vorträgen immer drei wichtige Kernbotschaften:
- Es ist Ihr Ehrgeiz, das geplante Produkt oder die geplante Dienstleistung in bestmöglicher Qualität genau nach den Vorgaben des Vorgesetzten oder Kunden anzubieten.
- Das Projekt liegt im Zeitplan, es gibt keine Verzögerungen.
- Projektleiter und Team sind Fachleute auf ihrem Gebiet.

Verabreden Sie mit Ihrem Auftraggeber gerade bei Projekten, die in der Belegschaft für Unmut sorgen könnten, genug Zeit und Mittel dafür, das Projekt immer wieder auch vor den Betroffenen zu präsentieren. Bauen Sie frühzeitig und kontinuierlich eine positive Erwartungshaltung auf – und räumen Sie Vorbehalte so früh wie möglich aus dem Weg.

Geben Sie nicht den Einzelkämpfer – vor allem nicht gegenüber Ihrem Auftraggeber. Stimmen Sie also alle wichtigen Entscheidungen mit Ihrem Auftraggeber ab, handeln Sie nie auf eigene Faust über seinen Kopf hinweg. Konkret heißt das:

- Bieten Sie Ihrem Auftraggeber an, selbst bei Ihren Präsentationen zu reden. Wenn er das ablehnt, bitten Sie ihn, dass er zumindest ein Grußwort spricht.
- Erwähnen Sie Ihren Auftraggeber in Ihrem Vortrag, betonen Sie seine zentrale Rolle als Initiator dieses Projekts. Ihr Auftraggeber darf sich nie übergangen fühlen!

Gleiches gilt übrigens für Ihre Teammitglieder. Ihren Projektmitarbeitern gegenüber sollten Sie jedoch zweierlei hervorheben: Ihre Rolle als Teamplayer und Ihre Rolle als Führungskraft. Beginnen wir mit Ihrer Rolle als Teamplayer. Was ist zu tun? Bekräftigen Sie bei Präsentationen die Bedeutung, die Ihre Teammitglieder bei der Umsetzung des Projekts hatten oder haben. Stellen Sie anwesende Teammitglieder kurz vor. Geben Sie das Wort zu Einzelaspekten an das zuständige Teammitglied weiter – gerade, wenn es um technische Spezialfragen geht. Alternativ können Sie darauf hinweisen, dass die Spezialisten Müller und Becker nach dem Vortrag für Fragen zur Verfügung stehen.

Ehrlichkeit hat ihre Grenzen

Stimmen Sie Ihre Teammitglieder vorher darauf ein, dass Sie keine unnötigen negativen Botschaften verbreiten. Schärfen Sie ihnen ein, dass sie nicht über die Schwierigkeiten reden sollen, die während der Projektphase auftraten, sondern über die Lösungen, die das Projektteam gefunden hat. Gleiches gilt für Schwachpunkte Ihres Produkts oder Ihres Service-Angebots. Das heißt nicht, dass Sie hemmungslos schwindeln oder das Blaue vom Himmel versprechen dürfen, sondern dass der Schwerpunkt auf Ihrer Leistung, Qualität und Kompetenz liegen soll.

Geben Sie Ihren Teammitgliedern die Chance, eine Präsentation als Karrieresprungbrett zu nutzen. Überlassen Sie die Entscheidung darüber dem Mitarbeiter selbst. Zwingen Sie niemanden zu einem Auftritt, der ihn vielleicht überfordert. Zum anderen sollten Sie dem Auftraggeber signalisieren, dass Sie Ihr Team im Griff haben. Lassen Sie nicht zu, dass einzelne Teammitglieder endlose Monologe halten. Sprechen Sie vorher genau ab, an welche Standards sich Ihre Mitarbeiter zu halten haben – auch in Sachen Kleidung.

In welche Fettnäpfchen sollten Sie selbst auf keinen Fall treten? Jammern Sie zum Beispiel nicht vor großem Publikum. Grummeln Sie nicht, dass Sie zu wenig Zeit hatten, dass Sie keine ausreichende technische Ausstattung hatten, dass Ihr Budget zu gering war! Diese Klagen sollten Sie unter vier Augen Ihrem Auftraggeber gegenüber vorbringen.

Wenn Sie Ärger vermeiden wollen, tappen Sie bitte auch nicht in diese Falle: Reden Sie nicht schlecht über den jetzigen Zustand in der Firma – auch nicht in Andeutungen. Unterlassen Sie einfach jeden kritischen Bezug auf die Art, wie hier bisher das Lager verwaltet wurde, welche Uralt-Software hier bisher eingesetzt wurde und welche ineffiziente Vertriebsstruktur hier bisher der Maßstab war.

Präsentieren Sie sich dagegen auf jeden Fall als Profi, der sein Metier beherrscht, der vor allem auf dem neuesten Stand ist, was das Projekt betrifft. Geben Sie also gern Einblick in Ihr Fachwissen, lassen Sie durchblicken, welche Optionen Sie vorher geprüft und verworfen haben – damit Ihre Firma wirklich auf dem allerneuesten Stand, dem „state of the art", sein wird, wenn Ihr Projekt Wirklichkeit wird.

Der Pharmareferent: Wie Außendienstler ihre Produkte präsentieren

Ihr Chef versetzt Sie mit dem Wunsch in Panik, dass Sie ab sofort einmal monatlich eine Präsentation im großen Sitzungssaal halten sollen? Doch beruhigen Sie sich: Es gibt Berufe, für die das Präsentieren zum tagtäglichen Geschäft gehört – es ist also keine Hexerei! Täglich präsentieren, diese Aufgabe hat vor allem die große Schar der Außendienstler und Vertriebsprofis, deren Job darin besteht, ihren Kunden Produkte schmackhaft zu machen.

So besteht die Arbeit der Pharmareferenten darin, dem Arzt in der Praxis oder der Klinik die Produkte ihrer Firmen ans Herz zu legen – kein leicht zu erreichendes Ziel in einer Zeit, in der Arzneimittel immer ähnlicher und verwechselbarer werden. Zwar haben einige Pharmariesen wie etwa Bayer ihren Außendienst genau aus diesem Grund eingestellt, doch Arzneimittelkonzerne wie GlaxoSmithKline oder Novartis schicken weiterhin ihre Vertriebsprofis in die Praxen, um Marktanteile bei den verschreibungspflichtigen Medikamenten zu erobern.

Deren erster Schritt zum Erfolg besteht darin, zunächst den Arzt, seine Patienten und die Verschreibungsgewohnheiten genau unter die Lupe zu nehmen. Was verordnet der Arzt? Wie ist die Praxis organisiert? Gibt es beispielsweise viele Diabetes-Patienten?

Die neueste technische Errungenschaft zur Präsentation ist der Table-PC: ein Laptop, dessen Bildschirm sich so drehen und verstellen lässt, dass Pharmareferent und Arzt gleichzeitig das Display anschauen. Der Vorteil gegenüber den herkömmlichen Faltblättchen oder Merkkarten mit Nutzwert-Infos (in der Branche despektierlich „Glotzpappen" genannt) liegt vor allem darin, dass der Table-PC eine interaktive Präsentation erlaubt, bei der Arzt und Referent miteinander ins Gespräch kommen. Bei diesem Verfahren kann der Referent mit einem Spezialstift die Punkte auf dem Bildschirm aufrufen, die gerade für diesen Arzt wichtig sind, und so den Vortrag individuell zuschneiden. Er kann den Stift auch seinem Geschäftspartner in die Hand drücken und ihn so aus der passiven in eine aktive Rolle bringen. Diese Aktivität hat auch etwas Spielerisches an sich und leitet somit entspannt zum Gespräch über.

Dabei kann der Table-PC jedoch nur das Mittel zum Zweck sein. Der Erfolg jeder Verkaufspräsentation, sagen Branchenprofis, hängt letztlich davon ab, ob es dem Pharmareferenten gelingt, eine persönliche Beziehung zum Arzt aufzubauen, ob also das „Beziehungsmanagement" gelingt. Die Bindung von Mensch zu Mensch ist der entscheidende Faktor bei der Frage, ob sich der Arzt für ein neues Medikament entscheidet oder nicht. Er muss das Gefühl bekommen, dass es sich lohnt, mit dem Referenten zu reden – sei es, weil Herr Meier neueste Infos aus der Fachwelt gratis mitliefert oder weil sich mit ihm so gut über Fußball fachsimpeln lässt.

Dabei darf sich der Pharmareferent jedoch nicht in die Rolle des unterwürfigen Bittstellers drängen lassen. Er wird nur dann auch Druck gegenüber seinem Verhandlungspartner aufbauen können, wenn beide auf Augenhöhe kommunizieren und der Arzt den Referenten als Persönlichkeit respektiert. Dann wird der Referent zwar als kompetenter Dienstleister zunächst seine Produktpalette erläutern, anschließend kann und sollte er jedoch die klare Erwartung äußern, dass der Arzt das neue Medikament zumindest einmal ausprobiert.

Wie Manager Finanzdaten und andere Zahlen anschaulich präsentieren

„Geld fällt nicht vom Himmel, man muss es sich hier auf Erden verdienen", sagte die britische Premierministerin Margaret Thatcher. Logische Konsequenz aus dieser Erkenntnis ist, dass wir einen Großteil unserer Zeit mit dem Geldverdienen verbringen – und dass sich ein Großteil der Präsentationen, die jeden Tag gehalten werden, um das liebe Geld dreht.

Da präsentiert der Abteilungsleiter einer Sparkasse seinem Team ein neues Sparmodell, das die Mitarbeiter ihren Kunden schmackhaft machen sollen. Oder der Vertriebsleiter eines Tiefkühlkost-Herstellers schärft seinen Außendienstlern ein, welche Umsätze er von ihnen im nächsten Jahr erwartet. Und schließlich redet der Chef persönlich – etwa wenn der Vorstandschef eines börsennotierten Unternehmens vor Bankanalysten seine Jahresbilanz oder Quartalsergebnisse präsentiert – und alles daran setzt, dass die Analysten die Empfehlung „Kaufen" geben.

Schauen wir uns an, was zu tun ist. Wenn Sie Zahlen und Wirtschaftsdaten präsentieren, haben Sie es im Kern mit drei Aufgaben zu tun. Es geht darum,
- Komplexes zu vereinfachen,
- Abstraktes zu veranschaulichen,
- trockene Materie lebendig zu machen.

Nehmen wir als Beispiel an, dass Sie als Chef eines börsen-notierten Unternehmens Ihre Quartalszahlen präsentieren oder diese Präsentation für Ihren Chef vorbereiten. Ihre Zahlen sollen Investoren und Anleger davon überzeugen, dass es sich lohnt, Aktien Ihres Unternehmens zu erwerben oder sie zumindest nicht zu verkaufen.

Sie präsentieren in der Regel Zahlen aus zwei Bereichen. Den Erfolg Ihrer Firma belegen Sie idealerweise durch einen zeitlichen Vergleich. Sie stellen also Umsatz oder Gewinn des 3. Quartals 2009 den Zahlen aus dem 3. Quartal 2008 gegenüber. Für diesen Zweck verwenden Sie am besten querlaufende Balkendiagramme oder senkrechte Säulendiagramme. Wenn Sie die Entwicklung mehrerer Jahre zeigen möchten, bieten sich Liniendiagramme an, wie Sie sie vermutlich von der Dax-Kurve in den Börsen-sendungen kennen.

Wichtig: Vereinfachen Sie Diagramme immer so, dass es möglich ist, die Information möglichst mit einem Blick zu erkennen.

Aber Sie werden nicht nur die Entwicklung gestern und heute vergleichen, Sie werden auch Zahlen aus verschiedenen Bereichen Ihrer Firma vorstellen. Bei der Tiefkühlkost können das Tiefkühlgemüse, Eis und Fertiggerichte sein.

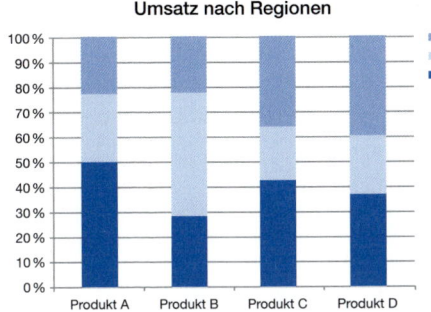

Balken-/Säulendiagramm:
Anteil der Absatzmärkte
am Gesamtumsatz
(in Prozent)

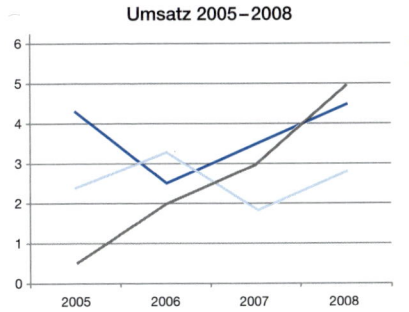

Liniendiagramm:
Umsatzentwicklung
in den vergangenen Jah-
ren in Millionen Euro

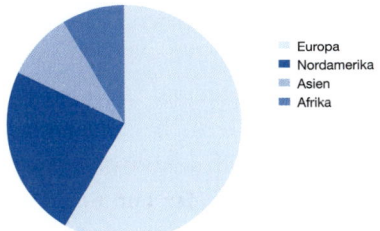

Kuchen-/Tortendiagramm:
Anteil der Regionen
am Gesamtumsatz

Oder Sie stellen Zahlen aus verschiedenen Regionen vor, in denen Ihr Unternehmen tätig ist. Hier eignen sich Torten- oder Kuchendiagramme am besten, um den Anteil etwa der Verkäufe in Asien an Ihrem Gesamtumsatz zu verdeutlichen.

Diagramm	Einsatzbereich (Beispiel)
Balken-/Säulen-diagramm	Zeitliche Daten in direkter Gegenüberstellung, etwa 1. Quartal 09 und 1. Quartal 08
Liniendiagramm	Längerer zeitlicher Verlauf, z.B. Umsatz von Mobiltelefonen 2002–2009
Kuchen-/Torten-diagramm	Anteile verschiedener Bereiche am Ganzen in Prozent: Umsätze in Regionen/Ländern Anteile von Unternehmenszweigen

Was ist bei den Diagrammen zu beachten? Behalten Sie im Auge, was Ihr Publikum, zum Beispiel Bankanalysten oder Journalisten, für Sie einnehmen oder abschrecken wird. Bankanalysten schätzen es in der Regel sehr, dass Jahresbilanzen oder Quartalszahlen von den meisten Firmen in grafisch dezenter Form präsentiert werden. Als Standard hat sich hier eine seriöse, klar gegliederte und farblich zurückhaltende Gestaltung durchgesetzt. Grafische Spielereien sind hier fehl am Platz. Wollen Sie Ihre Firma vom Börsenparkett vertreiben, dann bauen Sie Smileys oder bunte Animationen ein – das wäre der GAU!

Die Balkendiagramme auf der PowerPoint-Folie sind aber nur eine Seite. Dazu kommt Ihr mündlicher Vortrag. Hier haben Sie gute Chancen, den scheinbar trockenen Zahlen eine Menge Leben einzuhauchen. Daher im Folgenden ein paar grundsätzliche Hinweise dazu, wie Sie anschaulich und spannend über Zahlen reden können.

- Verwandeln Sie trockene Zahlen in klare Größenverhältnisse. Ihr Gewinn ist im Vergleich zum Vorjahr von 402.300 Euro auf 1.107.324 Euro gestiegen? Das ist zwar recht viel, doch es klingt nach noch mehr, wenn Sie sagen, dass Sie Ihren Gewinn nahezu verdreifacht haben. Oder Ihre Gewinnkurve weist steil nach oben? Lassen Sie sie „steil wie eine Treppe" oder „steil wie ein Flugzeug" nach oben steigen!

- Verwandeln Sie abstrakte oder komplexe Sachverhalte durch Vergleiche in klar vorstellbare Bilder! „Wir leben in einer Art verdünntem Ozean", erklärt der israelische Unternehmer Etan Bar in einem Artikel in der Zeitschrift *Geo*. „Nur zwei Prozent der Wassermenge in der Atmosphäre sind in Wolken gebunden, die restlichen 98 Prozent sind Luftfeuchtigkeit", heißt es dort weiter. Das Bild vom „verdünnten Ozean" verdeutlicht die wissenschaftliche Zahl.

Klappern gehört nicht nur bei Journalisten, sondern auch bei Wirtschaftsbetrieben zum Handwerk. Groß ist die Verlockung, Ihre allerneueste Umsatzsteigerung in China oder in der Golfregion mit besonders fetten Balken hervorzuheben

– doch hüten Sie sich vor maßlosen Übertreibungen. Möglichkeiten der Manipulation ergeben sich bei allen Arten von Diagrammen beim Maßstab, also bei der Art, wie Sie das Grundraster gestalten, in dem die Zahlen erscheinen.

Die Umsatzsteigerung wirkt wesentlich spektakulärer, wenn Sie nur einen kleinen Ausschnitt aus dem Zahlenbereich abbilden.

Ebenso leicht tricksen können Sie, wenn Sie statt der Balken eine Abbildung Ihres Produkts in die Grafik einbauen. Sie stellen also eine kleine und eine große Bierflasche nebeneinander oder ein kleines und ein großes Paket Waschpulver. Nun ist das größere Paket nicht nur höher, es ist auch breiter – die Grafik liefert also ein im Positiven verzerrtes Bild davon, wie sich der Umsatz bei Ihnen entwickelt hat.

Einige generelle Tipps für Diagramme

Vergleichen Sie nicht mehr als drei Werte – zeigen Sie also höchstens drei Balken oder drei Linien! Verwenden Sie so wenig Text wie möglich. Schreiben Sie den Text immer horizontal – auch bei vertikalen Balken. Runden Sie Zahlen auf oder ab. Also 7,4 Mio. Euro statt 7.422.544 Euro. Prüfen Sie, ob Zahlen und Linien wirklich übereinstimmen. Liegt Ihr Umsatz bei 2,1 Millionen Euro, darf der Balken nicht schon die 3-Millionen-Marke berühren. Prüfen Sie abschließend, ob Ihre Zahlen wirklich stimmen!

Überlegen Sie sehr genau, ob und in welchem Ausmaß Sie Ihre Diagramme „frisieren" wollen. Zumindest erfahrene Bankanalysten werden dieses Spiel schnell durchschauen. Denken Sie also genau darüber nach, wie Sie Ihre Kennzahlen grafisch umsetzen.

Wie also können Sie Ihren wirtschaftlichen Erfolg so präsentieren, dass Sie Investoren und Anleger dafür gewinnen, Ihre Wertpapiere auch als wertvoll einzuschätzen? Wenn die Präsentation der Zahlen einem einheitlichen Standard folgt, können es also nicht allein die Zahlen sein, mit denen Sie punkten. Außerdem bergen die Quartals- und Jahreszahlen selten wirkliche Überraschungen, da sie bereits mit den Schätzungen der Analysten abgeglichen werden, die Finanzdienstleister wie etwa Thomsen vor der offiziellen Bekanntgabe der Zahlen einholen.

Die größten Chancen, Investoren zu überzeugen, haben Firmen nicht mit ihren reinen Zahlenwerken, betonen Bankanalysten, sondern mit den Zielen und Strategien, die sie verfolgen – und mit den Erfolgen, die ihnen diese Strategien eingebracht haben. Analysten möchten wissen, welche strategischen Ziele sich ein Unternehmen setzt und welche Teile es davon schon erreicht hat. Wurde die angekündigte Akquisition umgesetzt? Hat es die Firma wie angekündigt geschafft, in vier von fünf Unternehmensbereichen eine Gewinnmarge von 10 Prozent zu erzielen?

Und was, wenn die erhoffte Erfolgsstory nicht eingetreten ist? Da hilft nur ein Weg: Gehen Sie in die Offensive und sprechen Sie die Schwachpunkte an, bevor sie in der üblichen anschließenden Fragerunde (Q & A / questions and answers = Fragen und Antworten) von den Analysten thematisiert werden. Sagen Sie, was noch nicht rund läuft, und erklären Sie vor allem, mit welcher Strategie Sie diese Schwachstellen beheben werden.

Wie Werbeagenturen ihre Kampagnen dem Auftraggeber präsentieren

Sie begegnen uns fast täglich: die Zeitungsbeilagen vom Elektronikmarkt mit den Mega-Tiefstpreisen oder die TV-Spots für den Autohersteller, bei dem nichts unmöglich ist. Doch bevor uns die Werbung im Fernsehen, im Kino, an Bushaltestellen oder per Großplakat an Häuserwänden mit ihren Botschaften umgarnen darf, steht ein knallharter Wettbewerb hinter den Kulissen an.

Wenn Markenartikler vom Waschpulverfabrikanten bis zur Brauerei eine neue, oft millionenschwere Werbeoffensive starten wollen, laden sie in der Regel gleich mehrere Werbeagenturen zu einem sogenannten „Pitch" ein, einem Wettbewerb, bei dem jede Agentur ihre Ideen und Konzepte dem Kunden präsentiert. Da diese Präsentation darüber entscheidet, welche Agentur den lukrativen Auftrag erhalten wird – beispielsweise in den nächsten drei Jahren die Kampagne für ein neues Mobiltelefon zu gestalten –, setzt jede Agentur alles daran, den Kunden mit einer optimalen Präsentation zu überzeugen.

Die Zusage zu einem Pitch bedeutet für die Agentur jetzt also reichlich Arbeit und volles Engagement. Oft geht eine komplette Abteilung daran, mehrere Wochen lang eine Präsentation zu erstellen. Es reicht nicht, zwei oder drei witzige Slogans vorzustellen, sondern die Werbeagentur sollte dem Kunden bereits bis in zahlreiche Details hinein zeigen, wie ihre Kampagne aussehen wird. Dazu gehören zum Beispiel Ideen für Aktionen etwa in einem Elektronikmarkt, für Gewinnspiele in einer Zeitschrift oder für saisonale Anzeigenmotive, zum Beispiel zu Ostern oder zu Weihnachten. Sogenannte „Salesfolder", also motivierende Broschüren und Aktionen für die Zwischenhändler, die ein Produkt vertreiben, gehören ebenfalls zum Angebot. Eine gute Wettbewerbspräsentation dauert daher zwischen 30 und 60 Minuten. Länger als eine Stunde sollte sie auf keinen Fall werden, 45 Minuten sind ein guter Richtwert.

Wie läuft nun eine Agenturpräsentation im Einzelnen ab? Was ist zu beachten? Kernelement kann durchaus eine PowerPoint-Präsentation per Beamer sein. Da Werbeagenturen häufig mit Apple-Computern arbeiten, wird es sich meist um die Mac-Version dieses Programms handeln.

Sinnvoll ist eine Kombination aus zwei Folientypen, die sich in der Präsentation abwechseln. Auf sehr klar und übersichtlich gestalteten Textfolien finden sich die Gliederungspunkte und die wichtigsten Textinformationen über die geplante Kampagne. Hier können Sie auf jeden Schnickschnack verzichten – eine klare schwarze Schrift vor weißem Hintergrund reicht völlig aus. Im Kontrast dazu erscheinen Ihre Ideen für Zeitschriftenanzeigen oder Plakate leuchtend in Farbe. Da Sie in PowerPoint auch Ton- oder Bewegtbild-Dateien integrieren können, lassen sich Hörfunk- oder TV-Spots ebenfalls per Mausklick aus diesem Programm starten.

Wichtiger Tipp von Fachleuten: Sprechen Sie alle Sinne an, inszenieren Sie die Präsentation, liefern Sie einen perfekten Gesamteindruck. Geben Sie dem Publikum dabei immer wieder Orientierungspunkte. Wenn Sie zum Beispiel fünf verschiedene Plakatmotive gezeigt haben, sollten Sie abschließend alle fünf Plakatmotive nebeneinander auf einer Übersichtsseite versammeln. Damit erkennt der Kunde die gemeinsame Linie, aber auch die Fülle Ihrer Ideen.

Ein zentraler Hinweis darf auch hier nicht fehlen: Sie können eine noch so packende, mitreißende Abfolge von PowerPoint-Folien vorbereitet haben, doch wenn der Präsentator den Kunden nicht überzeugt, wurde der komplette Medienzauber umsonst veranstaltet. Reden Sie also lebendig und mitreißend, suchen Sie Blickkontakt zu Ihren Zuhörern.

Sprechen Sie am besten frei, kleben Sie nicht an einem Stuhl oder Pult, sondern bewegen Sie sich durch den Raum. Schalten Sie Ihre Folien dabei bequem per Fernbedienung weiter.

Zeigen Sie Werbemotive in ihrem echten Umfeld

Ihre Ideen für Plakate oder Zeitungsanzeigen wirken glaubwürdiger, wenn sie in ihrem natürlichen Umfeld erscheinen. Was ist damit gemeint? Zeigen Sie Ihren Entwurf für eine kleine Anzeige auf der ersten Zeitungsseite, eine sogenannte „Titelkopfanzeige", unbedingt im Originallayout einer Zeitung. Wählen Sie bei regionaler Werbung genau die Zeitung, in der Ihr Motiv erscheinen könnte, also etwa die *Nordwest-Zeitung* für die Region Oldenburg oder die *Stuttgarter Nachrichten*, wenn Sie in der Hauptstadt von Baden-Württemberg werben möchten. Präsentieren Sie eine originalgetreue Fotomontage von einem City-Light-Poster, also Ihrem Plakat zum Beispiel an einer Bushaltestelle oder in der Fußgängerzone, am besten in der Stadt, in der Sie werben wollen.

Entscheidend für das Gelingen einer Agenturpräsentation ist eine perfekte Dramaturgie, ein gelungener Ablauf vom packenden Einstieg bis zum einprägsamen Schluss. Es beginnt bereits mit dem Aufbau vor Ort. Sind Sie in Ihrer Agentur, können Sie alle Faktoren steuern. Präsentieren Sie beim Kunden oder in einem Tagungshotel, sollten Sie sich präzise informieren, welche Bedingungen Sie dort erwarten.

Lassen Sie sich nicht zu früh in die Karten schauen!

Sorgen Sie dafür, dass Sie kein Mitarbeiter des Kunden bei Ihren Aufbauarbeiten stört. Gefährden Sie den starken Eindruck, den Ihre Ideen machen sollen, nicht, indem Sie den Kunden dabei zuschauen lassen, wie Sie sich vielleicht im Kabelsalat verheddern oder verzweifelt eine Mehrfachsteckdose suchen.

Lassen Sie auch keine Unterlagen aus Versehen im Präsentationsraum liegen. Denn mit der richtigen, punktgenauen Präsentation Ihrer Materialien steuern Sie die Aufmerksamkeit – und zwar in die Richtung, die Sie vorgeben. In der Regel erhalten Kunden die komplette Präsentation zusätzlich in Form eines gehefteten Booklets im Format DIN-A4 – allerdings nicht vor, sondern erst nach Ihrer Präsentation. Bekäme der Kunde sie vorher, würde er neugierig darin blättern und die Aufmerksamkeit für Sie wäre dahin.

So fesselnd und überwältigend eine Leinwandpräsentation sein mag, geben Werbeexperten dennoch den Tipp, dem Kunden Handgreifliches zu bieten. Wenn Sie Ihren Computer nach der letzten Folie heruntergefahren haben, überraschen Sie den Kunden etwa damit, dass plötzlich ein Dutzend Hostessen den Saal betreten und sämtliche Plakatmotive in Originalgröße auf Pappen aufgezogen in den Saal tragen und an vorbereiteten Stellwänden aufhängen. Der Kunde sieht jetzt Ihre kreative Leistung in der Gesamtschau,

Sie festigen seine Erinnerung an Ihre eindrucksvolle Präsentation.

Um das Präsentieren von Plakaten zu erleichtern, verfügen Sie in Ihrer Agentur vermutlich über eine fest installierte Metallleiste, auf der sich die Plakate abstellen lassen. Im Tagungsraum haben Sie professionelle Präsentationswände oder Faltdisplays aufgestellt und sämtliche Plakate vorher mit Haftpunkten versehen, sodass die sprichwörtlichen Hostessen Ihre Plakate jetzt problemlos an die Wände hängen können. Versuchen Sie gar nicht erst, Plakatpappen auf den Konferenztisch zu stellen und sie dabei mit herumstehenden Mineralwasserflaschen abzustützen. Übrigens sollten möglichst keine konkurrierenden Blickfänger stören – also Gemälde oder Fotos an den Wänden, die von Ihrer Präsentation ablenken.

Alles Greifbare übt eine Faszination aus – das wissen alle Markt- und Kaufhausverkäufer, die ihren Kunden gern etwas in die Hand drücken. Auch Werbeagenturen produzieren daher schon einmal ein „Original-Handmuster" von einer geplanten Broschüre – also ein Muster des Produkts in der originalen Optik, allerdings oft nur mit Blindtext, also bedeutungslosen Buchstabenreihen, gefüllt. Das Anfassen zählt!

Entscheidend für die Dramaturgie ist nicht zuletzt die Größe Ihres Publikums. Präsentieren Sie nur einem Entscheider, etwa dem Marketingchef des Unternehmens, reichen eventuell der Computerbildschirm und zahlreiche Handmuster. Ab zehn Zuhörern ist definitiv ein Beamer mit Leinwand erforderlich. Wenn Sie die genaue Zuhörerzahl kennen, können Sie zudem die Anzahl Ihrer Booklets und anderer Materialien besser planen und damit die Peinlichkeit vermeiden, dass eventuell ein Entscheider aus der Kundenfirma mit leeren Händen den Saal verlässt.

Außerdem ist es nützlich, so viel wie möglich über die Vertreter der Kundenseite zu wissen, um dieses Vorwissen bei Ihrem Vortrag zu berücksichtigen. So können Sie in Ihrer Rede darauf Bezug nehmen, wenn Sie beispielsweise wissen, dass der Vertriebsleiter gern Motorrad fährt oder die Marketingassistentin geborene Portugiesin ist. Peinlich allerdings kann es werden, wenn Sie nicht wissen, dass der Hauptgesellschafter der Firma Abstinenzler ist und Sie niveaulose Witze über das Trinken reißen.

Präsentieren an der Universität oder an der Fachhochschule: vom Seminarreferat bis zur Doktorarbeit

Präsentieren an der Universität? Wirklich? Gehört es zum Studium, Vorträge und Präsentationen abzuhalten? Aber ja! Sicher, Vorlesungen in mehr oder weniger überfüllten Hörsälen bilden noch immer das Fundament, auf dem das

Streben nach akademischen Weihen aufbaut. Wer jedoch heute ein Studium beginnt, muss damit rechnen, dass die Professoren auch Vorträge und Referate erwarten, in den Geisteswissenschaften ist dies selbstverständlich. Und wer beispielsweise Informatik studiert, sollte im Prinzip auch auf Englisch referieren können. Und wer seine universitäre Laufbahn sogar mit einem Doktortitel krönen will, darf sich darauf einstellen, während der Promotionsphase immer wieder Fachvorträge über seine laufende Forschungsarbeit zu halten. Als eigentliche Krönungszeremonie für künftige Doktoren gilt dabei die Verteidigung der Promotionsarbeit – ein Vortrag von 45 bis 60 Minuten Länge, der darüber entscheidet, ob Herr oder Frau Meier sich nun Dr. Meier nennen darf oder nicht.

Doch ob Doktorand oder Studienanfänger: Uni-Referate sind im Kern wissenschaftliche Vorträge. Damit sie zum Erfolg werden, sind einige grundlegende Punkte zu beachten. Wir haben dazu Julia Padberg befragt, Informatik-Professorin an der Hochschule für angewandte Wissenschaften (HAW) in Hamburg, die sich freundlicherweise die Zeit genommen hat, einige grundlegende Empfehlungen für Studenten zu geben:

Tipp 1: Der Vortragende muss den Inhalt seines Vortrags wirklich verstanden haben. Es funktioniert eigentlich nie, wenn man versucht, durch gute Rhetorik und optisch bestechende PowerPoint-Folien über Wissenslücken hinwegzutäuschen. Dies gilt umso mehr im theoretischen oder mathematischen Bereich.

Tipp 2: Der Student muss seinen Zuhörern verdeutlichen, auf welchen Zweck sein Referat ausgerichtet ist. Der Zuwachs von Wissen sollte das primäre Ziel sein, das heißt, der Vortragende muss sich zunächst überlegen, was die Zuhörer durch seinen Vortrag erfahren haben sollten. Das Ziel, einen Seminarschein zu erhalten, ist zwar verständlich, aber nicht ausreichend, um ein gutes Referat zu halten. Um dem Ziel näherzukommen, sollte sich der Student ebenfalls folgende Fragen stellen: Welche Sachverhalte stehen bei meinem Thema im Fokus? Welche Zusammenhänge sollen beleuchtet werden? Wo sind Verständnisschwierigkeiten zu erwarten? Was sind wesentliche Voraussetzungen für das Verständnis dieses Themas?

Tipp 3: Der Referent sollte beachten, in welchem Kontext sein Vortrag stattfindet. So ist es wichtig, sich vorher klarzumachen, vor welchem Publikum er gehalten wird und über welche Vorkenntnisse die Zuhörer bereits verfügen. Oft ist es sinnvoll, den Zuhörern zu erklären, in welches Themenfeld das einzelne konkrete Thema eingebettet ist. Ein Referat sollte anders konzipiert werden, wenn es Teil einer Vortragsreihe ist – dann wurden einführende Grundlagen vermutlich schon im ersten Referat gegeben und müssen nicht auch noch im vierten oder fünften Vortrag erneut mitgeteilt werden.

Tipp 4: Der Vortragende sollte die Präsentationssoftware verwenden, die am besten für seinen Zweck geeignet ist. Bei wissenschaftlichen Vorträgen wird die freie Rede selten ausreichen, um die zentralen Informationen zu vermitteln. Häufig gehört es dazu, Daten, Formeln und Erläuterungen für die Zuhörer an die Wand zu projizieren. Eine professionelle Präsentationssoftware für alle, die bei Vorträgen häufiger mathematische Formeln und andere Datensätze vorstellen und erläutern, steht mit dem Programm LaTeX zu Verfügung. Es erlaubt eine sehr präzise und ästhetisch überzeugende Präsentation von wissenschaftlichen Formeln. LaTeX ist damit eine sinnvolle Alternative zu Microsoft PowerPoint – und im Selbststudium erlernbar.

Tipp 5: Der Referent muss dem Zuhörer den Weg zu seinem vertieften Wissen bahnen. Dieser Tipp gilt speziell für Doktoranden: Auf dem Weg zur Promotion forschen sie in einem abgegrenzten Spezialgebiet, sie bewegen sich zunehmend in einer Wissenssphäre, die nur wenige Menschen in allen ihren Facetten verstehen. Doktoranden halten regelmäßig Vorträge über die Fortschritte ihrer Arbeit und sie sprechen bei wissenschaftlichen Kongressen zu ihrem Forschungsgebiet. Für sie ist es elementar wichtig, ihr Publikum nicht aus den Augen zu verlieren. Sie müssen sich auch in die Perspektive der Zuhörer begeben, sonst wird ihr Vortrag völlig unverständlich. Das bedeutet konkret: Sie sollten ihren Vortrag auf keinen Fall mit zu vielen Details überfrachten. Im Gegenteil: Wer zuhört, braucht eine gewisse

Redundanz, eine gewisse Wiederholung der Inhalte, damit sie im Gedächtnis haften bleiben. Auf ideale Weise gelingt dies, wenn Inhalte aus mehreren Perspektiven beleuchtet und behandelt werden. Weniger ist also mehr! Sehr konkret gehört dazu der Tipp, eine wissenschaftliche Folie bei Beamer-Präsentation mindestens eine Minute lang stehen zu lassen, damit das Publikum alle Inhalte aufnehmen und verarbeiten kann.

Tipp 6: Der Referent sollte das richtige Verhältnis von Einleitung, Hauptteil und Schluss finden. Wie bereits gesagt, kann es manchmal erforderlich sein, mit einer längeren Einleitung zum Thema hinzuführen. In anderen Fällen genügt eine knappe Einführung in das Thema. Generell sollte die Einleitung etwa 25 bis 30 Prozent des Vortrags einnehmen. Der Hauptteil muss deutlich als Hauptteil erkennbar sein, also mindestens 40 bis 60 Prozent der Länge umfassen. Der Schluss sollte eine Zusammenfassung und einen Ausblick bieten und etwa 15 bis 30 Prozent der Gesamtlänge ausmachen.

Einen besonderen Tipp hat die HAW-Professorin Julia Padberg noch für die Planung und den Ablauf der berühmt-berüchtigten Rede, in der der Doktorand am Ende der Promotionsphase seine schriftliche Doktorarbeit vorstellt und, wie es im akademischen Jargon heißt, „verteidigt":

Es ist ratsam, Bemerkungen wie diese in die Verteidigung einzuflechten: „Hier gibt es noch sehr aufschlussreiche Zusammenhänge, auf die ich aber an dieser Stelle nicht näher eingehen möchte." Mit diesem Hinweis strafft der Referent zum einen seine Rede und rückt den roten Faden ins Zentrum. Zum anderen liefert er damit einen Anknüpfungspunkt für die Diskussion, die sich an den Verteidigungsvertrag anschließt. Garantiert wird sich ein Mitglied der Prüfungskommission diesen Punkt merken oder notieren, um in der Diskussion nachzuhaken. Das Gute daran: Der Doktorand selbst hat diesen Köder ausgelegt und kann sich während der Vorbereitung darauf einstellen und eine Antwort parat haben. Natürlich lassen sich in einen Vortrag gleich mehrere solcher Anknüpfungspunkte einbauen – womit sich das Risiko, dass jemand eine völlig unerwartete und schwierige Frage stellt, sehr reduziert.

Das Referat an der Schule

Schon in der 5. Klasse fordern Deutschlehrer ihre Schüler dazu auf, eine Buchvorstellung zu präsentieren, also einen Kurzvortrag vor der Klasse zu halten: „Und heute stellt uns Miriam ihr Lieblingsbuch vor – *Die wilden Hühner* von Cornelia Funke!" Die Anforderungen steigen im Laufe der Schuljahre. So referieren Schüler der 10. Klasse in Chemie zum Beispiel über „Die physiologischen und psychischen Auswirkungen des Ethanols" – also über die schädlichen

Effekte alkoholischer Getränke. Kurz vor dem Abitur verlangt der Lehrer in Gemeinschaftskunde eventuell ein Referat über „Die Strukturveränderung der Nato als Folge der Entwicklung von der Bipolarität zur Multipolarität in den internationalen Beziehungen".

Ein Soloauftritt vor der gesamten Klasse trainiert die zentrale Fähigkeit, sich einer Gruppe gezielt mitzuteilen – und gibt vor allem dem oft noch wackligen jugendlichen Selbstbewusstsein einen kräftigen Schub nach vorn. Schließlich ist es eine besondere Leistung, vorne im Rampenlicht zu stehen und seinen Vortrag zu halten, ohne ins Stottern zu geraten.

Wer ein gutes Referat hält, beweist zudem, dass er selbstständig arbeiten kann, und zwar in allen wichtigen „Bauphasen", also bei allen erforderlichen Arbeitsschritten. Denn zunächst gilt es, das Fundament zu legen, sich also alle notwendigen Informationen zu einem Thema zu beschaffen. Anschließend ist zu überlegen, wie man den Rohbau erstellt, das heißt das Thema sinnvoll strukturiert. Und schließlich sollte man als Vortragender sein Bestes geben, um dem Bau eine attraktive Fassade zu geben, um also die zusammengestellten Informationen wirkungsvoll an seine Zuhörer zu vermitteln – mit treffender Wortwahl, motivierender Gestik oder Mimik und mit aussagekräftigem Zusatzmaterial. In der gymnasialen Mittel- und Oberstufe ist es teilweise durchaus üblich, dass Schüler schon mit dem Softwareprogramm PowerPoint präsentieren. Nun aber genug der Vorbemerkungen. Wie gehe ich jetzt Schritt für Schritt an die Arbeit?

Halt, noch ein letzter Hinweis vorab! In jedem Fall wird der Lehrer Wert darauf legen, dass die Schüler das Referat frei halten, also nicht einfach ihren Text ablesen, sondern so weit es geht frei sprechen. Dennoch gibt es im Prinzip zwei Arten, ein Referat zu präsentieren. Im ersten Fall erlaubt es der Lehrer (oder die Prüfungsordnung), dass der Vortragende ein ausformuliertes Referat als ausgedrucktes Manuskript in der Hand halten und daraus sogar kleine Stellen vorlesen darf. Es gibt aber auch Lehrer, bei denen nur Karteikarten oder ein kleiner Stichwortzettel erlaubt sind. Auch in manchen Prüfungen sind nur kurze Stichworte als Hilfsmittel gestattet. Bitte also vorher klären, was erwartet wird! Jetzt aber zu den konkreten Schritten!

In acht Schritten zu einem überzeugenden Referat

1. Bevor ich mir unnötige Arbeit mache, ist es entscheidend, mein Thema wie auch die Länge des Referats genauestens einzugrenzen – am besten in Rücksprache mit dem Lehrer.
2. Wenn ich schon einiges zu meiner Fragestellung weiß, erstelle ich schon jetzt eine Grobstruktur des Referats, am besten mithilfe einer einfachen Mindmap, die ich später fülle und ergänze.

3. Weiß ich, wohin der Weg geht, mache ich mich auf die Materialsuche. Ich schlage in Lexika nach, leihe Bücher aus der öffentlichen Bücherei aus oder informiere mich im Internet, zum Beispiel im Online-Lexikon www.wikipedia.de. Wichtig bei Web-Recherchen: möglichst immer zwei seriöse Quellen für eine Aussage finden. Während der Recherchen unterstreiche ich wichtige Textstellen auf Fotokopien oder schreibe zentrale Fakten auf. Wichtige Informationen sammle ich auf Karteikarten.

4. Nun habe ich bereits so viel Material zusammengetragen, dass ich eine komplette Gliederung für mein Referat aufstellen kann. Natürlich kann ich später noch einzelne Unterpunkte verändern, aber das Grundgerüst sollte jetzt stehen, damit ich nun die einzelnen Punkte der Gliederung durcharbeiten kann.

5. Anschließend folgt das Ausarbeiten des eigentlichen Referattextes. Zwei Dinge sind entscheidend: Zum einen zählt die Verständlichkeit der Inhalte, zum anderen die Anschaulichkeit, also die Art, in der ich diese Inhalte vermittle. Zwei Tipps dazu: Einerseits sollte ich wesentlich mehr lesen, als ich im Referat verwerte. Außerdem sollte ich nur etwas vortragen, das ich auch wirklich verstanden habe.

6. Wenn ich mein fertiges Manuskript nicht beim Vortrag verwenden darf, folgt ein weiterer Zwischenschritt: Ich dampfe mein gesamtes Referat auf höchstens eine DIN-A4-Seite ein – das heißt, ich schreibe nur die

Kerninformationen und Kernbegriffe auf. Wenn ich am Computer arbeite, kann ich die Datei kopieren und auf dieser Kopie einfach alles bis auf die Kernpunkte löschen. Dieses „Konzentrat" kann ich wiederum noch auf fünf bis zehn Karteikarten verteilen.

7. Nicht unwichtig ist jetzt die Entscheidung, welches zusätzliche Material ich meinen Mitschülern anbieten möchte, damit sie das Referat besser verstehen. Denkbar ist, dass ich meine Gliederung während des gesamten Vortrags auf dem Overheadprojektor zeige. Ebenfalls motivierend ist ein Foto oder ein Schaubild zu meinem Thema – etwa eine Skizze des Motors, wenn ich den umweltschonenden Hybridantrieb bei Kraftfahrzeugen erkläre.

8. Habe ich alle diese Arbeitsschritte durchgeführt, bin ich bestens vorbereitet. Nun sollte ich meinen Vortrag mindestens einmal „kalt" durchspielen, also allein im stillen Kämmerlein oder vor Freunden oder in der Familie. Damit merke ich, wie viel Zeit ich wirklich für meinen Vortrag benötige.

Nun noch einige konkrete Tipps, damit beim nächsten Referat nichts mehr schiefgeht!

- Ich teile *nach* meinem Vortrag ein „Handout", also eine Zusammenfassung, und andere Materialien aus, kündige dies aber schon zu Beginn an! So wecke ich Neugierde und erhalte Sympathiepunkte, weil keiner mitschreiben muss.

- In Englisch oder anderen Fremdsprachen teile ich eine Liste wichtiger Vokabeln am besten vorher aus oder werfe sie per Projektor an die Wand. Das erleichtert den anderen das Zuhören.
- Wenn ich mein Thema vorstelle, grenze ich es genauer ein, indem ich deutlich mache, was eben *nicht* in meinem Referat vorkommen wird.
- Ich aktiviere meine Mitschüler, indem ich einen „Test" oder ein Quiz für das Ende des Referats ankündige.
- Wenn ich meine Gliederung auf Folie zeige, stelle ich sie zu Beginn kurz im Überblick vor und decke sie dann wieder ab, um sie nun Schritt für Schritt wieder aufzudecken.
- Ich schreibe mein Thema vorher an die Tafel, dazu noch ein optisches Signal oder eine Zahl, etwa das Datum „4.7.1776", wenn es um die Unabhängigkeit der USA geht.
- Sollte ich einmal den Faden verlieren und hängen bleiben, fasse ich ruhig das bisher Gesagte zusammen. Bis dahin fällt einem bei guter Vorbereitung in der Regel wieder ein, wie es weitergehen soll.
- Den Vortrag beginne ich erst, wenn wirklich alle Zuhörer ruhig sind. Werden sie nicht von selbst leise, fordere ich sie dazu auf – das reicht normalerweise.
- Während ich spreche, klebe ich mit meinem Blick nicht am Lehrer oder an der Lehrerin. Ich suche Blickkontakt zu verschiedenen Mitschülern und zur Lehrperson.

Der beste Weg zur Präsentation: So strukturiere ich meinen Vortrag

Glück fällt einem zu, Erfolg lässt sich planen. Also entscheiden wir uns für das Planen! Gehen Sie jetzt zielstrebig, aber gelassen an die Vorbereitung Ihrer Präsentation. Wenn Sie diesem Schritt-für-Schritt-Konzept folgen, kann eigentlich nichts mehr schiefgehen! Der Weg führt von der ersten Idee über die Sammlung aller zentralen Informationen und das Erstellen einer Grundstruktur bis zum fertig ausgearbeiteten Vortrag. Lassen Sie uns also loslegen!

Ob Sie den Jakobsweg erwandern wollen, ob Sie im Urlaub fünf Kilo abnehmen möchten oder eine Präsentation planen: Verschaffen Sie sich am besten zuerst einen Überblick über die vor Ihnen liegende Wegstrecke. Sie besteht aus mehreren Etappen, für die Sie die entsprechende Zeit einplanen sollten. Am besten kopieren Sie diese Übersicht oder Sie legen selbst einen ähnlichen Arbeitsplan an. So können Sie bequem abhaken, welchen Teil der Wegstrecke Sie bereits bewältigt haben.

	Arbeitsschritt	Zeitvorgabe	erledigt
A	Mein Ziel festlegen	...	...
B	Thema strukturieren	...	...
C	Den Stil verbessern	...	...
D	Manuskript/Karteikarten schreiben	...	...
E	Visualisierung, grafische Aufbereitung	...	...
F	Den Vortrag üben	...	...

Wenn Sie jetzt ans Werk gehen, achten Sie unbedingt auf eine sinnvolle Zeitplanung. Um Ihr Zeitmanagement im Auge zu behalten, eignet sich zum Beispiel die ALPEN-Methode von Lothar J. Seiwert:

A Aufgaben notieren
L Länge des Zeitbedarfs einschätzen
P Pufferzeiten einplanen
E Entscheidungen zur Priorität treffen
N Nachkontrolle, Unerledigtes notieren

Seien Sie allerdings nicht zu ehrgeizig beim Schneidern Ihres eigenen Zeitkorsetts. Planen Sie bis zu 40 Prozent Pufferzeiten ein und ordnen Sie alle Aktivitäten in die erste, zweite und dritte Priorität. Wem es schwerfällt, einen straffen Zeitplan einzuhalten, der sollte am besten für jeden Arbeitstag eine schriftliche Zeitplanung aufstellen. Und vergessen Sie nicht den Leitsatz aller Zeitmanager: In 20 Prozent Ihrer Zeit können Sie 80 Prozent Ihres Ergebnisses erzielen.

Schritt 1: Das Ziel festlegen

Jeder Vortrag braucht ein klares Ziel, und die Zuhörer benötigen einen roten Faden. Formulieren Sie am Anfang Ihrer Vorbereitung eine klare Zielvorstellung: „Mit meinem Vortrag möchte ich erreichen, dass …" Ein denkbares Ziel ist es, die Zuhörerschaft dazu zu bringen, Ihr Projekt XY abzunicken. Ihr Ziel heißt also: „Ich möchte, dass die Geschäftsleitung mein Projekt XY genehmigt." Sie formulieren also das gewünschte Ergebnis Ihrer Präsentation. Oder Sie möchten einem Investor in einem Referat Ihre Firma präsentieren. In diesem Fall kann Ihre Zielformulierung lauten: „Der Investor soll sich bereit erklären, an einer Betriebsbesichtigung teilzunehmen."

Wenn Sie Ihre Zielvorstellung klären, beachten Sie einen grundsätzlichen Unterschied: Wollen Sie informieren oder überzeugen? Oder möchten Sie beides verbinden?

- Informieren heißt: Komplexes vereinfachen, Abstraktes veranschaulichen – die Botschaft also auf das Wesentliche reduzieren.

■ *Überzeugen* heißt: Ihre Zuhörer mitreißen und begeistern, aber auch fachlich fundierte Argumente liefern!

Legen Sie jetzt Ihr Ziel oder Ihre Ziele schriftlich fest – in Form eines Ergebnisses, eines zukünftigen Ist-Zustandes: „Nach meinem Vortrag sind meine Zuhörer in der Lage, die fünf wichtigsten Vorteile unseres neuen Mobiltelefons zu erklären." Oder: „Nach meiner Präsentation kennen meine Zuhörer die drei neuen Finanzierungsmodelle unserer Bank, können sie praktisch anwenden und in einem Kernsatz zusammenfassen."

Schritt 2: Recherchieren und Material sammeln

Ihr Thema steht nun fest, Ihre Ziele sind geklärt. Jetzt schreiben Sie auf, was Sie bereits zu Ihrem Thema wissen – zunächst völlig ungeordnet, wie bei einem Brainstorming. Das kann bereits eine ganze Menge sein! Deshalb sollten Sie diese Informationen zur besseren Weiterverarbeitung am besten sofort in Ihren Computer eintippen. Schreiben Sie gern auch schon auf, welche offenen Fragen Sie noch recherchieren wollen und welche Quellen und Ansprechpartner Ihnen schon jetzt einfallen.

So finden Sie den Einstieg in das Thema und in die Struktur Ihres Vortrags

Brainstorming: ungeordnetes Notieren aller Einfälle, zum Beispiel als Liste

Clustern: Ich sammele meine Einfälle und ordne sie zugleich mehreren Oberbegriffen zu. Ich erstelle tabellenartige Listen.

Mindmapping: Sammlung aller Einfälle in Form eines Baumes mit Zweigen und Ästen. Vorteil: Eingruppierung meiner Einfälle zu Gruppen; der Baum kann mit meinen Recherchen mitwachsen.

Jetzt folgt die gezielte Informationsbeschaffung: Wichtig ist es schon hier, Ordnung zu schaffen – um nicht in der Informationsflut unterzugehen!

Die vier wesentlichen Quellen

Suchmaschinen im Internet, die dann zu einzelnen Websites führen, Datenbanken und Webkataloge

Fachbücher, Sachbücher, Zeitschriften und Nachrichtenmagazine

Lexika und andere gedruckte Nachschlagewerke sowie das Internet-Lexikon Wikipedia (www.wikipedia.de)

Eigene Recherchen, Interviews mit Informanten, eigene Umfragen, die Sie dann auswerten

Bleiben wir kurz bei den Suchmaschinen: Neben dem Branchenprimus Google (www.google.de) sollten Sie außerdem Yahoo (www.yahoo.de) und MSN Search (www.msn.de bzw. www.bing.com) berücksichtigen. Diese großen drei führen Sie zu 90 Prozent aller möglichen Treffer. Falls Sie bei T-Online suchen, handelt es sich übrigens ebenfalls um die Suchmaschine Google!

Wer gerne eine konkrete Frage stellen möchte, kann sich an die Suchmaschine Ask wenden. Unter www.ask.de steht eine deutsche Version im Netz. Allerdings gehört hier etwas Glück dazu, die passende Antwort zu finden. Antworten auf konkrete Fragen finden Sie zudem bei www.wer-weiss-was.de.

Gesetzestexte, statistische Daten – es gibt kaum etwas, das es nicht gibt im weltweiten Datennetz. Einen Überblick über zahlreiche Datenbanken liefert zum Beispiel www.info runner.de. Parlamentarische Drucksachen und Protokolle aus der Bundespolitik können Sie unter www.bundestag.de einsehen, eine Fülle von Wirtschafts- und Bevölkerungsdaten liefert das Statistische Bundesamt unter www.destatis.de. Statistiken aller Art finden Sie zudem beim privaten Anbieter www.statista.org – zum größten Teil kostenlos.

Kommen wir zu den gedruckten Quellen. Eine Fülle von durchaus auch sehr aktuellen Büchern finden Sie in den Stadtbüchereien. Wenden Sie sich ohne Scheu an die dortigen Bibliothekare, die Ihnen sicher gern bei der Suche nach dem richtigen Buch helfen. Benötigen Sie nur kurze Auszüge aus dem Buch, können Sie oft vor Ort fotokopieren.

Zeitschriften und Nachrichtenmagazine finden Sie ebenfalls in den öffentlichen Büchereien, aber noch einfacher im Internet. So haben beispielsweise die Nachrichtenmagazine *Der Spiegel* und *Focus* ihre Archive ins Netz gestellt. Das gesamte Archiv des *Spiegel* ist im Internet unter www.wissen.spiegel.de zugänglich. Neben mehr als 700 000 Berichten ab dem Jahr 1947 können Sie auch auf Lexikonartikel zugreifen. Unter der Adresse www.focus.de/magazin/archiv befinden sich mehr als 100 000 Artikel seit Gründung des Nachrichtenmagazins 1993. Wer aktuelle Meldungen zu einem Stichwort sucht, sollte die Suchmaschine www.paperball.de konsultieren; Paperball durchkämmt dann mehr als 3 000 deutsche Quellen nach tagesaktuellen Meldungen.

Die Welt der Lexika hat sich durch das Internet ebenfalls grundlegend gewandelt. In den letzten Jahren hat das Internet-Lexikon Wikipedia (www.wikipedia.de) den klassischen gedruckten Lexika heftig Konkurrenz gemacht. Wikipedia wird jedoch nicht von einer Fachredaktion erstellt, sondern jeder Nutzer kann selbst Artikel schreiben, daher ist eine gewisse Vorsicht bei der Benutzung angebracht. Andererseits werden die Wikipedia-Artikel ständig verändert und aktualisiert. Außerdem sorgt die gegenseitige Kontrolle der Zuträger dafür, dass die Fehler nach und nach aus dem Weblexikon verschwinden.

Zum Salz in der Suppe beim Planen Ihrer Präsentation können schließlich Ihre eigenen Recherchen werden. Was soll Sie davon abhalten, selbst einmal eine Firma, einen Verband oder eine Organisation anzurufen und sich direkt an der Quelle zu informieren. Wenden Sie sich beispielsweise an die Pressestelle und erklären Sie, dass Sie einen Vortrag vor wichtigen Entscheidern zu halten haben. Wenn Sie den Namen eines Fachmanns schon kennen, rufen Sie ihn einfach direkt an – nur möglichst nicht direkt vor der Mittagspause und kurz vor Feierabend! Dann finden Sie nicht unbedingt ein offenes Ohr!

Nur die Wahrheit zählt

Noch ein Tipp: Seien Sie doppelt und dreifach vorsichtig, wenn es um den Wahrheitsgehalt Ihrer Informationen geht. Stellen Sie sich vor, dass sich während Ihrer Präsentation ein Zuhörer meldet und eine Zahl oder Angabe aus Ihrem Vortrag korrigiert. Diese Peinlichkeit sollten Sie sich ersparen! Sichern Sie also alle Daten, Zahlen und Informationen in Ihrer Präsentation mehrfach ab – auf zwei Quellen sollten Sie mindestens zurückgreifen.

Zum Schluss dieses Abschnitts noch ein paar praktische Tipps zur Informationsauswertung. Gehen Sie beim Durcharbeiten Ihres Materials immer nach dieser Methode vor:

- Überblick: Ich überfliege den Text, unterstreiche Schlüsselbegriffe, markiere gedankliche Abschnitte.

- Fragen: Ich behalte meine Recherchefragen im Blick und prüfe, ob der Text mir Antworten liefert.
- Ordnung: Ich sortiere meine recherchierten Informationen.
- Zusammenfassen: Ich fasse das Wesentliche für mich zusammen, etwa auf einer Karteikarte, die ich mit einem Oberbegriff kennzeichne. Ich notiere außerdem besonders aussagekräftige Zitate (inklusive Quellenangabe).

Auf diese Weise legen Sie sich eine Sammlung von Karteikarten an, die Sie immer nach demselben System erstellen und beschriften sollten.

Beispiel für eine Karteikartenbeschriftung

Oberbegriff/Stichwort
Inhalt in Stichworten plus wörtliche Zitate
Nennung der Quelle

Materialien wie etwa Fotokopien oder Broschüren sammeln Sie in einer separaten Mappe. Alle Quellen aus dem Internet können Sie als Worddateien auf Ihrem Computer speichern, damit Sie Ihre Aussagen später notfalls nachprüfen können.

Schritt 3: Das Thema strukturieren, eine Gliederung erstellen, Einstieg und Schluss

Je klarer, anschaulicher und begreifbarer Sie Ihre Präsentation strukturieren, desto sicherer werden Ihre Zuhörer Ihrem Gedankengang folgen können – desto eher werden Sie also ein positives Feedback auf Ihren Vortrag ernten.

Schon aus der Schule kennen wir das dreischrittige Grundschema von Einleitung, Hauptteil und Schluss. Einleitung und Schluss bilden den attraktiven Rahmen für den Hauptteil, der den Kern, die Essenz Ihrer Ausführungen enthält.

Feilen Sie an Einleitung und Schluss besonders sorgfältig. Die Einleitung muss packend und mitreißend sein, damit Ihr Publikum nicht gleich zu Beginn innerlich abschaltet. Der Schluss wiederum sollte besonders einprägsam sein, weil er den Gesamteindruck bestimmt, den Ihre Zuhörer mitnehmen.

Die packende Einleitung

Mit dem Einstieg in Ihre Präsentation stellen Sie den Kontakt zum Publikum her. Schließlich möchten Sie die Sympathie Ihrer Zuhörer gewinnen, ihre Neugierde wecken und eine erste Orientierung geben. Bedenken Sie immer: Der erste Eindruck zählt!

Konkreter Tipp: Bauen Sie in Ihre Einleitung eine überraschende Information oder eine unterhaltsame Anekdote ein! Haben Sie jedoch Zweifel, ob der Gag zünden wird, verzichten Sie lieber darauf. Die Einleitung hat aber noch weitere Funktionen: Sie begrüßen Ihre Zuhörer, Sie stellen Ihre Person und das Thema vor, Sie geben einen Ausblick auf Inhalte und Nutzen sowie Hinweise zum Ablauf und zum zeitlichen Rahmen.

Häufige Fehler bei der Einleitung

Sie versprechen etwas, das Ihr Vortrag nicht hält, dann werden Ihre Zuhörer enttäuscht sein. Sie übertreiben Ihre Schmeichelei dem Publikum gegenüber. Sie werten sich selbst oder das Thema mit negativen Äußerungen ab. Sie servieren einen Gag, der nicht zündet!

Der prägnante Schluss

Der Höhepunkt der Fußball-WM ist das Endspiel, und jede Show erreicht den Höhepunkt mit dem großen Finale. Und natürlich sollten Sie auch Ihre Präsentation mit einem überzeugenden Schlussfeuerwerk schließen. Führen Sie Ihren Zuhörern noch einmal in einer gebündelten Zusammenfassung vor Augen, welche Kernaussagen Ihr Vortrag hatte. Diese Zusammenfassung sollte schlagwortartig erfolgen, in kurzen, prägnanten Sätzen! Bieten Sie zweitens einen Ausblick auf zukünftige Folgen, Pläne und Entwicklungen. Und fordern Sie drittens Ihr Publikum auf, selbst aktiv zu werden – geben Sie, wenn möglich, einen konkreten Handlungsimpuls.

Wie formulieren Sie diesen Schluss besonders packend und prägnant? Schließen Sie zum Beispiel an Ihren Einstieg an, oder wecken Sie die Zuversicht bei Ihren Zuhörern: „Ich bin sicher, dass Sie mit unserem Vertriebskonzept Albatros in Zukunft mehr Erfolg haben werden!"

Der überzeugende Hauptteil Ihrer Präsentation

Kommen wir jetzt zum Kern Ihres Vortrags, mit dem Sie Ihr Anliegen, Ihr Projekt, Ihr Finanzkonzept oder Ihr neues Produkt den Zuhörern auf überzeugende Weise vorstellen und der etwa 80 Prozent der Gesamtlänge ausmacht – dem Hauptteil. Wie können Sie ihm eine griffige Struktur geben?

In vielen Fällen können Sie den Hauptteil nach einer Drei-Punkte-Gliederung aufbauen, diese Zahl ist besonders einprägsam. Hier einige Beispiele für dreischrittige Hauptteile:

- *Früher – heute – morgen*: Beschwören Sie die glorreiche Vergangenheit, als Ihr Unternehmen Marktführer war. Skizzieren Sie die Probleme von heute und entwerfen Sie ein Szenario für die Zukunft.

■ *Die Situation – das Ziel – der Weg*: Analysieren Sie die Stärken und Schwächen in Ihrer Abteilung, legen Sie die Ursachen dar. Formulieren Sie jetzt ein Ziel, das Sie ansteuern möchten. Legen Sie drittens dar, mit welchen Schritten Sie dieses Ziel erreichen können.

■ *Vorschlag A – Vorschlag B – Kompromiss C*: Die Firma steht an einem Scheideweg. Zwei grundsätzliche Richtungen sind denkbar. Manager Meier schlägt die Neuakquisition eines Konkurrenten vor, Manager Müller will die Firma verschlanken. Sie stellen in Ihrer Präsentation beide Strategien vor und präsentieren im dritten Teil einen tragfähigen Kompromiss.

■ *Das Problem – die falsche Lösung – die richtige Lösung*: Jahrelang hat ein KFZ-Hersteller die Tatsache ignoriert, dass die Konsumenten zunehmend Wert auf Umweltverträglichkeit legen. Jetzt plant das Management die Einführung einer Produktreihe, die diesen Aspekt völlig ignoriert. Am Schluss Ihrer Präsentation appellieren Sie für die richtige Lösung – ein umweltfreundliches neues Fahrzeug.

■ *Die These – der Kontra-Standpunkt – der Pro-Standpunkt*: Der klassische Ablauf, den schon die großen Redner der Antike beherzigt haben. Ein Pro und Kontra sorgt immer für Dramatik, für ein klares Gegeneinander der Argumente.

■ *Die These – zwei Argumente – die Folgerung*: Diesmal bleiben Sie allein auf der Pro-Seite der Argumentation. Sie fokussieren Ihren Vortrag auf Ihre eigenen Vorstellungen, die Sie mit zwei starken Argumenten untermauern. Die Umgehungsstraße muss gebaut werden, weil sie a) den Innenstadtverkehr entlastet, weil sie b) neue Arbeitsplätze schafft. Daraus folgern Sie, dass dieses Projekt schnellstens umgesetzt werden muss.

Argumentation mit Köder und Paukenschlag

Kleiner Trick fürs Argumentieren: Verfahren Sie nach dem Köderprinzip und locken Sie Ihre Zuhörer zuerst mit dem zweitstärksten Argument an. Präsentieren Sie nun die schwächeren Argumente in aufsteigender Folge – und schließen Sie mit einem Paukenschlag, also mit Ihrem stärksten Argument!

Noch einige grundsätzliche Anregungen für den Hauptteil: Leiten Sie Ihre Zuhörer durch den Hauptteil, indem Sie Überleitungen verwenden: „Mit diesen Einwänden versucht die Gegenseite seit Jahren, unsere Expansion nach Asien zu blockieren. Ich werde Ihnen nun erklären und begründen, welche unschlagbaren Vorteile dieser Schritt für unsere Firma hätte." Verbinden Sie Neues mit Bekanntem, knüpfen Sie am Vorwissen der Zuhörer an – ohne jedoch mit sattsam Bekanntem zu langweilen. Und ordnen Sie das Besondere, das Detail, möglichst oft in den allgemeinen Rahmen ein, damit die Zuhörer den Überblick nicht verlieren.

Schritt 4: Den Vortrag inhaltlich und stilistisch aufwerten

Nehmen wir jetzt also an, dass die Struktur Ihres Vortrags, quasi der Rohbau Ihres Redegebäudes, steht. Nun können Sie schon in der Vorbereitung darangehen, Ihre Aussagen sprachlich und stilistisch auf Vordermann zu bringen. Hier einige konkrete Anregungen, mit denen Sie die Prägnanz Ihrer Präsentation deutlich steigern:

Ich verwende Analogien, um bei den Kenntnissen der Zuhörer anzuknüpfen. So verglich DGB-Chef Michael Sommer in seiner Rede zum 1. Mai 2009 dubiose Geldanlagen mit einer Wette: „Gierige Männer haben Wetten abgeschlossen und verloren." Das kann sich auch ein Finanzlaie vorstellen. Und der BMW-Vorstandsvorsitzende Norbert Reithofer brachte die Unmöglichkeit von klaren Prognosen für die Wirtschaft mit einem passenden Beispiel aus der Welt des Automobils auf den Punkt: „Wir fahren weiter auf Sicht." Da hat jeder sofort eine Landstraße oder eine Autobahn im Nebel vor Augen, die einen vorsichtigen Fahrstil erfordert.

Ich fokussiere meinen Vortrag auf einen Kernbegriff. So stellte Bundeskanzlerin Angela Merkel einmal in einer Rede den Begriff „Glück" in den Mittelpunkt und redete in verschiedenen Zusammenhängen immer wieder von Glückserlebnissen: „Meine sehr geehrten Damen und Herren, wir feiern einen historischen *Glückszustand* ... Wir leben in Freiheit und mit uns alle unsere Nachbarn … Das ist für uns ein großes *Glück* – für uns alle. Wir dürfen sicher sein, dass unsere Nachbarn dieses *Glück* mindestens ebenso groß empfinden wie wir. Das *Glück* unserer Nachbarn ist unser *Glück*. Und das ist europäisches *Glück*."

Ich verwende positive Aussagen und vermeide negative Aussagen. „Man sollte die Wahrheit dem anderen wie einen Mantel hinhalten, dass er hineinschlüpfen kann – nicht wie ein nasses Handtuch um den Kopf schlagen", meinte der Schweizer Schriftsteller Max Frisch. Eine sehr wichtige Regel zur Erzielung einer positiven Stimmung ist die Verbesserung der eigenen Ausdrucksweise. Sie können alles Negative auch (zumindest ein wenig) positiv ausdrücken. Zum Beispiel können Sie in einem Seminar stöhnend feststellen, dass Sie erst einen Tag des Seminars hinter sich gebracht haben. Sie können aber auch Ihre Freude darüber zum Ausdruck bringen, dass Sie nur noch einen Tag vor sich haben.

So verwandeln erfolgreiche Redner Probleme in Wunschvorstellungen, um ihnen Kraft zu verleihen. Statt zum Beispiel „Ich bin müde, ausgelaugt und erschöpft" zu sagen, formulieren sie laut: „Ich wünsche mir etwas Erfrischung!" Dadurch erscheint das Ziel deutlich näher. Eindeutig negative Aussagen verpacken Sie am besten in zwei positive Aussagen (Sandwich-Technik). Kommen Sie nicht um negative Wahrheiten herum, gilt das Prinzip: Nicht um den heißen Brei herumreden, das Nein kurz und klar kommunizieren.

Ich vermittele Botschaften visuell. Verwenden Sie eine bildhafte, anschauliche Sprache. Beginnen Sie einen Satz etwa mit der Formulierung: „Stellen Sie sich vor, …"

Ein paar Beispiele für bildhafte Sprache: Angela Merkel spricht gern von „Weichenstellungen" statt von Entscheidungen. DGB-Chef Sommer beschreibt in seiner schon genannten Rede das Ausmaß der Finanzkrise bildhaft mit den Worten: „Noch ist kein Licht am Ende des Tunnels." Doch Vorsicht mit Superlativen: Denken Sie an die „blühenden Landschaften", in die Helmut Kohl einst die ehemalige DDR verwandeln wollte. Das Bild war so einprägsam, dass Kohl immer wieder daran gemessen wurde. Oder nehmen Sie Hilmar Kopper von der Deutschen Bank, der 1994 50 Millionen D-Mark als „Peanuts" bezeichnete.

Ich illustriere eine Aussage mit einem Beispiel. Mein Beispiel wähle ich idealerweise aus dem Erlebnisbereich meiner Zuhörer. Noch besser ist es, wenn Sie wissen, was Ihre Zuhörer gerade besonders beschäftigt, aufregt, ängstigt oder beflügelt. DGB-Chef Michael Sommer sprach zum Tag der Arbeit sicher vielen seiner Zuhörer aus dem Herzen, als er auf die finanzielle Not der Hartz-IV-Empfänger einging: „Kolleginnen und Kollegen, Millionen von Hartz-IV-Empfängern müssen ihr kleines Vermögen erst aufbrauchen, bevor der Staat hilft. Das ist meistens einfach nur ungerecht. Denn sie können nichts für ihre Arbeitslosigkeit. Oder ihre Armut."

Ich definiere meine Kernbegriffe. Sagen Sie deutlich, was Sie meinen. Ich vielen Fällen ist es ratsam, wenn Sie einen Kernbegriff Ihrer Präsentation klar definieren. Was verstehen Sie genau unter „Produktivitätssteigerung"? An was denken Sie konkret, wenn Sie „Mitverantwortung der Arbeitnehmer" verlangen? Definitionen schaffen hier Klarheit. Beachten Sie allerdings, wie eine gute Definition aussehen soll: Eine korrekte Definition ist abstrakt. Ihr kann eine Veranschaulichung, ein konkretes Beispiel folgen. Das Beispiel allein reicht jedoch nicht. Eine Definition verlangt nach Oberbegriffen und Unterbegriffen: Ein Tisch ist ein Möbelstück mit vier Beinen und einer waagrechten Fläche.

Ich verwende einfach aufgebaute Sätze. Und vermeide kompliziert aufgetürmte Satzungetüme. Einfach aufgebaute Sätze sind die Voraussetzung für gute Verständlichkeit. Lange Aussagen wirken fast nie überzeugend, denn ihnen fehlt der eindringliche, appellative Charakter. Stattdessen verschwimmen Ihre Kerngedanken zunehmend, und den Zuhörern fällt es schwerer, sich zu konzentrieren.

Einfach aufgebaute Sätze sind in der Regel Hauptsätze bzw. Satzreihen aus mehreren Hauptsätzen. Natürlich können Sie auch Satzgefüge, also Kombinationen aus Hauptsätzen und Nebensätzen, verwenden. Hier lauert jedoch die Gefahr, dass Sie Satzbauwerke errichten, die Sie selbst irgendwann nicht mehr verstehen, sodass sich Ihr Satzungetüm irgendwann im Nirgendwo verflüchtigt.

Ideal für die freie Rede ist es, Ihre Aussagen nebeneinander-
zustellen, sie also parataktisch zu verknüpfen. Hier einige Beispiele: „Ich wünsche Ihnen Freude und Entspannung in unserer Stadt." „Welche Konsequenzen sollten wir ziehen? Wir
müssen unsere Mitarbeiter künftig frühzeitiger informieren,
ihnen menschlicher begegnen, ihnen mehr Vertrauen schenken und mehr Selbstverantwortung erlauben." Hier stehen
Ihre Aussagen als Aufzählung nebeneinander. Halten Sie sich
an das KISS-Prinzip: „Keep it short and simple!" Also kurze
unkomplizierte Sätze, möglichst wenig Fachvokabular.

Halten Sie sich also weitgehend an den parataktischen Satzbau und meiden Sie die Hypotaxe – also die Unter- und Über-
ordnung, kurz gesagt die Verschachtelung von Aussagen! In
Lesetexten, besonders in wissenschaftlichen Abhandlungen
oder auch in gehobenen Tageszeitungen, werden Sie den
hypotaktischen Satzbau finden. Für die freie Rede vor Publikum sollten Sie ihn nur in Ausnahmefällen einsetzen. Denken Sie an den ehemaligen bayerischen Ministerpräsidenten
Edmund Stoiber und seine berühmte Transrapid-Rede, die
so beginnt: „Wenn Sie vom Hauptbahnhof in München mit
zehn Minuten ohne dass Sie am Flughafen noch einchecken
müssen, dann starten Sie im Grunde genommen am Flughafen am Hauptbahnhof in München starten Sie ..." Verstehen
Sie auch nur noch Bahnhof?

Ich nutze einen reichhaltigen Wortschatz, den alle verstehen, und ich
vermeide den Gebrauch von Fremdwörtern. Schwer verdauliche

Fachbegriffe beeindrucken die Zuhörer weniger, als Sie denken. Mitreißen und fesseln können Sie Ihre Zuhörer jedoch mit einem reichhaltigen, abwechslungsreichen Wortschatz. Werfen Sie bei der Vorbereitung Ihres Vortrags einen Blick in ein Synonymwörterbuch, das Ihnen verschiedene Alternativen für einen Begriff anbietet. Statt „sprechen" können Sie auch „das Wort ergreifen", „sich äußern", „vorbringen", „bemerken", „mitteilen", „weitertragen" … Trainieren können Sie Ihren aktiven Wortschatz, indem Sie zunächst einen Zeitungsartikel zu einem für Sie unbekannten Themenbereich lesen. Anschließend versuchen Sie, diesen Artikel in fünf Minuten mündlich zusammenzufassen.

Ich greife zu aktiven, anschaulichen Verben! Ich vermeide das Passiv und den Substantiv-Stil. Wer beim Reden zahlreiche anschauliche Verben verwendet, beweist damit ein aktives, lebendiges Verhältnis zu seinem Thema. Wenn Sie häufig im Passiv sprechen und dazu noch viele Substantive in Ihre Sätze einbauen, können Sie keine Emotionen transportieren. Ihre Sprache ähnelt dann einer gesichtslosen Verwaltungssprache.

Stellen Sie sich einmal diesen Satz in einer Rede vor: „Zur Erzielung guter erzieherischer Ergebnisse ist es erforderlich, sich der Zuwendung gegenüber den Heranwachsenden zu bedienen, um dadurch zu einer Stabilisierung des seelischen Gleichgewichts beizutragen." Der Redner kapselt sich hier hinter einer Mauer aus Substantiven ab, weder zeigt er Gefühle, noch kann er Gefühle beim Zuhörers auslösen. Als abschreckendes Beispiel hat Ludwig Reiners in seiner *Stilkunst* das Sprichwort „Wer anderen eine Grube gräbt, fällt selbst hinein" so in den Substantiv-Stil übersetzt: „Nach Aushebung einer Vertiefung liegt auch für den Urheber ein Stürzen im Bereich der Möglichkeit."

Sogar der Staat hat erkannt, dass die eintönige Beamtensprache aufgebessert werden muss. So hat das Bundesverwaltungsamt das Handbuch *Bürgernahe Verwaltungssprache* herausgegeben, das Sie auch im Internet unter www.bva.bund.de herunterladen können. Auch hier warnen die Autoren: „Verdrängen Sie Verben nicht durch Substantive! Bilden Sie keine Substantivketten!" Hier ein Beispiel aus dem Handbuch:

- *Falsch*: Der Wortlaut des Beschlusses des Krankenhausausschusses des Kreistages des Landkreises Aschaffenburg lautet: …
- *Richtig*: Der Krankenhausausschuss des Landkreises Aschaffenburg hat beschlossen: …

Ähnlich einschläfernd wirken Kombinationen aus einem Substantiv und einem Verb, die sich oft durch ein schlichtes Verb ersetzen lassen:

Falsch	Richtig
Mitteilung machen	mitteilen
zur Auszahlung bringen	auszahlen
einer Prüfung unterziehen	prüfen
Folge leisten	befolgen

Ich untermauere meinen Vortrag mit visuellen Elementen! Optische Eindrücke prägen sich ein, seien es Folien, Flipchart-Grafiken oder Mindmaps! Denn der Mensch nimmt 83 Prozent der Informationen über das Auge auf, 11 Prozent über die Ohren und 6 Prozent durch die übrigen Sinnesorgane.

Ich zitiere eine Statistik, um meiner Aussage Glaubwürdigkeit zu verleihen. Natürlich müssen die Zahlen stimmen! Auch Umfragen können eine Argumentation stützen. „53 Prozent der Deutschen finden die Lohnforderung der IG Metall nach einer Umfrage des *stern* angemessen."

Ich zitiere einen Experten. Der Experte muss bekannt und anerkannt sein. Nehmen Sie sich die TV-Nachrichten als Vorbild. Wird ein Experte für Wirtschaftsthemen gesucht, holen die Fernsehprofis gern den anerkannten Ökonomen Professor Dr. Bert Rürup vor die Kamera. Kommt es im Nahen Osten zu Feuergefechten, wird Reporterlegende Peter Scholl-Latour in die Talkshows eingeladen.

Keine Bankrott-Phrasen und Weichmacher!

Vermutlich möchten Sie nicht an dem Ast sägen, auf dem Sie sitzen! Wenn Ihnen jedoch aus Achtlosigkeit oder mangelnder Vorsicht sogenannte Bankrott-Phrasen oder Weichmacher herausrutschen, laufen Sie selbst ins offene Messer. Bankrott-Phrasen sind zum Beispiel: „Es ist nicht viel, was ich Ihnen bieten kann ..." oder „Eigentlich bringt der

▶

nächste Abschnitt nichts Neues ..." – sie sollten unbedingt vermieden werden. Weichmacher sind Formulierungen wie: „Eine Interpretation wäre ..." oder „Die Meinung wird vertreten, dass ..." oder „Es ist schon verschiedentlich aufgefallen ..." sowie die Polsterwörter „wahrscheinlich", „vielleicht" und „möglicherweise". Sofort aus Ihrem Redewortschatz streichen!

Schritt 5: Manuskript und Karteikarten schreiben

Es ist fast schon eine Glaubensfrage, aber auch eine Frage der Erfahrung: Halten Sie Ihren Vortrag mit einem vollständigen Manuskript oder stützen Sie sich allein auf eine Sammlung von Karteikarten? Einiges dazu konnten Sie bereits im zweiten Kapitel lesen. Grundsätzlich gilt: Je mehr Unterstützung und Sicherheit Sie haben möchten, desto sinnvoller ist es, wenn Sie ein komplettes Manuskript vor sich liegen haben. Andersherum gesagt: Je freier Sie sprechen möchten, je eingeengter Sie sich durch einen vorgegebenen Text fühlen, desto mehr spricht für die Karteikarten. Gehen wir also beide Möglichkeiten durch.

Recherchen können Sie delegieren, Sie können sich sogar einen ersten Entwurf schreiben lassen – aber die Endfassung müssen Sie selbst verfassen. Nur mit Ihrem eigenen Manuskript können Sie überzeugend vortragen!

Drucken Sie Ihr Manuskript quer auf DIN A5 aus

Sie sollten Ihren Text auf DIN-A5-Blättern oder -Karten ausdrucken und dabei eine Schriftgröße von mindestens 14 Punkt verwenden. Vorteil: Die Blätter sind handlicher und wirken dezenter. So geht es: Gehen Sie bei Word/Windows XP unter „Seitenlayout" auf „Größe" und wählen Sie „A5". Unter „Orientierung" wählen Sie schließlich „Querformat" aus. Vergessen Sie nicht, immer komplette Absätze auf einem Blatt zu haben und die Seiten abschließend zu nummerieren.

Wenn Sie Ihr Manuskript ausformuliert haben, sollten Sie sich noch etwas Zeit dafür nehmen, aus dem Manuskript eine Art Drehbuch für Ihren Vortrag zu machen. Schon bevor Sie es ausdrucken, können Sie wichtige Stellen hervorheben, indem Sie sie in fetter oder größerer Schrift darstellen. Sie können zudem einzelne Begriffe betonen, indem Sie diese allein in die Mitte einer Zeile stellen. Dieses Verfahren ist ideal für Ihre Kernbotschaften, die sich Ihren Zuhörern besonders einprägen sollen!

„... Unser Controlling hat unser Unternehmen durchleuchtet und alle Sparpotenziale aufgespürt. Im nächsten Quartal kommt es jetzt darauf an,

die *Kosten* weiterhin im Griff zu haben,
Innovationen voranzutreiben
und dem *Kunden* oberste Priorität zu geben.

Nur so werden wir unser Unternehmen erfolgreich ins neue Jahrzehnt führen können ..."

Sie sollten übrigens immer zwei Ausdrucke Ihres Manuskripts parat haben – falls ein Exemplar verloren geht (plus eventuell die Datei zusätzlich auf einem Datenstick). Last but not least: Wenn Sie ein vollständiges Manuskript verfasst haben, können Sie Ihren Vortrag nicht nur einmal, sondern mehrfach verwenden – Sie können ihn leicht abgewandelt komplett übernehmen oder einzelne Teile davon für weitere Vorhaben zweitverwerten: für neue Reden, als Abdruck in der Firmen-Hauszeitschrift oder im Intranet, als Pressematerial.

Kommen wir jetzt zu dem Verfahren, bei dem Sie mit Karteikarten arbeiten. Statt eines ausformulierten Manuskripts nutzen Sie in diesem Fall einen Stapel Karteikarten, auf denen Sie lediglich Stichworte und stichwortartige Aussagen festgehalten haben.

Wenn Sie sich sicher genug fühlen, bieten die Karteikarten einige Vorteile. Es wird Ihnen mit Karteikarten etwas leichter fallen, ins Publikum zu schauen und Blickkontakt mit den Zuhörern aufzunehmen. Da Sie die genauen Formulierungen erst beim Vortragen finden, wirkt Ihre Präsentation frischer und direkter.

Vergessen Sie jedoch nicht die Tücken: Wenn Sie frei reden, können Sie auch leichter einmal ins Stottern kommen. Wenn Sie Ihren Vortrag spontan mit weiteren Beispielen und Geschichten ausschmücken, könnte Ihre Zeitplanung durcheinandergeraten.

Zusatztipp: Fügen Sie auf Ihren Karteikarten Ihre eigenen Regieanweisungen ein. Unterstreichen Sie mit dem Rotstift Begriffe, die Sie besonders betonen möchten! Notieren Sie mit einem grünen Stift Ihre Zusatzaktivitäten wie „Flipchart an die Wand hängen" oder „jetzt Grafik als Kopie austeilen".

Schritt 6: Den Vortrag zu Hause üben

Bevor Sie nun gleich auf die Bühne stürmen, sollten Sie Ihren Vortrag gründlich üben. Wie schon oben gesagt, schreiben Sie Ihr Manuskript am besten so, dass die Sprechbetonungen sofort deutlich werden, wenn Sie auf das Blatt schauen. Unterstreichen Sie also zentrale Begriffe gleich am Computer – mit Microsoft Word ist das kein Problem.

Wer seinen Vortrag übt, hat gleich mehrere Vorteile. Sie können überprüfen, welche Wörter Ihnen Ausspracheprobleme bereiten, und können diese Begriffe vor allem im Einleitungsteil durch einfachere Wörter ersetzen. Sie können messen, wie lang genau Ihr Vortrag ist. Sie können Ihren

Text also kürzen oder verlängern und werden beim Auftritt selbst nicht in Zeitdruck geraten. Passen Sie dabei auf, dass Sie Ihre Kernaussagen nicht verwässern. Ihr Vortrag sollte nicht deutlich unter der Zeitvorgabe liegen. Reden Sie auf einer Tagung, dann sprechen Sie am besten vorher mit dem Veranstalter ab, wie viel Zeit Sie gern eingeplant haben möchten. Sie können aber auch Ihre Stimme ausprobieren und testen, wie Sie klingen, wenn Sie lauter oder leiser sprechen. Wenn möglich, holen Sie einen Kollegen oder Freund zur Generalprobe hinzu und besprechen Sie anschließend, an welchen Stellen dem Zuhörer noch etwas unklar ist oder an welchen Stellen Sie stärker betonen sollten.

Die Präsentation vor Publikum

Sie haben recherchiert, Sie haben Manuskript und Kartei-karten geschrieben, und Sie haben die visuelle Komponente berücksichtigt, also Schaubilder und Grafiken ausgesucht oder erstellt. Ihre Vorbereitung ist abgeschlossen. Damit haben Sie das Fundament gelegt – der Beifall für Ihre Prä-sentation ist Ihnen schon so gut wie sicher. Jetzt müssen Sie nur noch vor Ihr Publikum treten und Ihren Vortrag beginnen. Was es ab diesem Moment, also während der Präsen-tation, zu beachten gilt, erfahren Sie in diesem Kapitel.

Richtig sprechen und betonen

Ein wichtiger Faktor für den Erfolg Ihrer Rede ist zunächst Ihre Stimme. Wer 30 Minuten lang monoton in seinen Bart nuschelt, darf nicht erwarten, dass er sein Publikum damit zu Begeisterungsstürmen hinreißt. Sprechen Sie also klar und deutlich. Mit einer lebendigen Artikulation knüpfen Sie eine positive Verbindung zu Ihren Zuhörern. Denken Sie daran: Wenn Sie undeutlich artikulieren, könnten Ihre Zuhörer den Eindruck bekommen, dass Sie mehr zu sich selbst als zu ihnen sprechen. Öffnen Sie also bewusst Ihren Mund! Sie öff-nen damit Ihre Persönlichkeit und signalisieren Ihre Wertschätzung für die Zuhörer. Zudem sollten Sie eine besonders wichtige Aussage in Ihrem Vortrag auch besonders deutlich artikulieren. Und wenn Sie annehmen können, dass Sie in besonderem Maße zu Nervosität neigen, sollten Sie sich während des gesamten Vortrags hinsichtlich Ihrer Aussprache besonders anstrengen. Denn wer nervös ist, neigt zu undeutlicher, verschwommener Aussprache. Steuern Sie dagegen!

Achten Sie zudem auf die richtige Lautstärke beim Reden. Sprechen Sie so laut, dass alle Zuhörer Sie gut verstehen können, mit Kraft und Lebendigkeit in Ihrer Stimme. Das heißt aber keineswegs, dass Sie schreien sollen. Gehen Sie möglichst einmal vorher in den Raum, in dem Sie vortragen oder präsentieren werden. Machen Sie eine Sprechprobe vor Ort – wenn möglich zusammen mit jemandem, der probeweise als Zuhörer agiert. Es macht einen Unterschied, ob Sie in einem großen oder in einem kleinen Raum sprechen. Passen Sie Ihre Sprechlautstärke an die Größe des Raumes an.

Denken Sie daran: Wenn Sie zu leise sprechen, findet das Publikum nur schwer einen Zugang zu Ihrer Persönlichkeit, Sie wirken unsicher, ängstlich oder abweisend. Sprechen Sie dagegen in einem überlauten Kasernenhofton, erreichen Sie zwar die Zuhörer, aber Sie wirken aufdringlich, autoritär und aggressiv.

Sprechen Sie weder zu schnell noch zu langsam, und fügen Sie in Ihren Vortrag klar erkennbare Pausen ein. Wenn Sie

Ihre Rede hektisch herunterrattern, bekommen Ihre Zuhörer unbewusst das Gefühl, dass Sie sich am Rednerpult nicht wohlfühlen, dass Sie schnell wieder von diesem exponierten Ort verschwinden wollen. Zeigen Sie also, dass Sie selbstbewusst und kompetent sind und Ihren Auftritt regelrecht genießen, indem Sie Ihr Sprechtempo im Griff haben. Passen Sie aber andererseits auf, dass Ihr Vortrag nicht träge wie ein breiter Fluss dahinfließt, sondern bewegt und lebendig wie ein Gebirgsbach voranströmt.

Neben der genauen Artikulation, der Lautstärke und dem Sprechtempo können Sie mit dem gezielten Einsatz von Sprechpausen eine positive Wirkung erreichen. Denken Sie daran, was Sie mit einer Sprechpause erreichen: Sie als Sprecher können das Gesagte nachwirken lassen, Sie können tief einatmen, sich für den nächsten Gedanken sammeln und Spannung erzeugen. Ihr Publikum wiederum kann den vorigen Gedanken verarbeiten und sich auf Neues einstellen. Nicht zuletzt gliedert eine Sprechpause Ihren Vortrag in Sinneinheiten und macht ihn dadurch besser verständlich. Bedenken Sie: Eine Pause wirkt für den Redner schneller zu lang als für den Zuhörer.

Wie können Sie Ihre Stimme beim Referieren modulieren? Achten Sie darauf, die Lautstärke Ihrer Stimme zu variieren. Steuern Sie Ihre Stimme wie ein Dirigent sein Orchester: Werden Sie allmählich lauter und plötzlich leiser, flüstern Sie einen Satz und reden dann in normaler Lautstärke weiter.

Außerdem können Sie die Intensität Ihrer Stimme verändern. Sie könnten zuerst ruhig und gleichmäßig reden, anschließend aber in einen kraftvollen, dramatischen Ton wechseln. Wenn Sie mit Ihrer Stimme zwischendurch höher gehen, wird die Gesamtwirkung eindringlicher.

Bleiben Sie im Übrigen Sie selbst. Imitieren Sie beim Sprechstil also nicht Ihren Chef, einen TV-Moderator oder Hollywood-Star (bzw. dessen Synchronsprecher). Ihr persönlicher Sprechstil ist ein unverkennbares Merkmal Ihrer Persönlichkeit. Damit erhalten Sie jedoch nicht den Freibrief, am Rednerpult jede sprachliche Unart auszuleben. Oder wollen Sie, dass die Kollegen Sie hinter vorgehaltener Hand parodieren – so wie einst die Komiker den ehemaligen bayerischen Ministerpräsidenten Edmund Stoiber mit seiner Neigung zu dauernden „Ähs"?

Körperhaltung und Körpersprache

Der Begriff Körpersprache sagt es schon: Auch aus unserer Haltung und unseren Gesten lässt sich eine Botschaft herauslesen. Nur magere 7 Prozent unserer Gesamtwirkung entfallen auf das, was wir sagen, behauptet der US-Psychologe Albert Mehrabian. Der Hauptteil der Wirkung entfällt auf die nonverbalen Signale. Klare Konsequenz: Zu einer überzeugenden Rede gehört eine überzeugende Körpersprache.

Mehrabian-Kreis

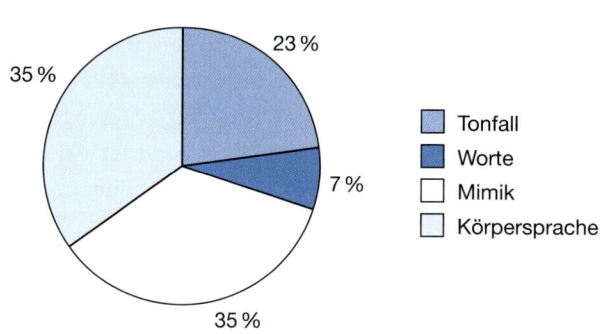

Der Mehrabian-Kreis beschreibt, welchen Anteil verschiedene Bereiche an der Gesamtwirkung einer Person haben.

Der Redner steht frei sichtbar vor seinen Zuhörern, die in der Regel sitzen. Bestenfalls ein Rednerpult gibt ihm Halt. Auf ihn richten sich die Blicke sämtlicher Zuschauer. Das kann ganz schön nervös machen! Also heißt es, Ruhe zu bewahren und Souveränität auszustrahlen. Das erreichen Sie am besten, wenn Sie sicher, ruhig und fest stehen. Ihre Grundhaltung sollte Ruhe, Selbstsicherheit und Zuwendung zur Gruppe ausstrahlen. Am Anfang ist weder die Tat noch das Wort, sondern der Stand! Sie stellen sich also frontal vor das Plenum und stehen fest auf beiden Beinen. Allerdings bleiben Sie im Verlauf der Präsentation nicht statisch an einem Platz, sondern wechseln Ihren Standort. So können Sie zugleich überschüssige, nervöse Energie loswerden.

Kaum ein Redner wird bewegungslos wie ein Roboter vor seinem Publikum stehen. Mit Ihren Gesten sollten Sie die Aussagen Ihrer Präsentation wirkungsvoll unterstreichen. Zum anderen bleibt Ihnen kaum eine andere Chance, als Gesten einzusetzen – oder wollen Sie wie ein Roboter oder eine Schaufensterpuppe vor Ihrem Publikum stehen? Setzen Sie also Ihre Hände ein, begleiten Sie Ihre Rede mit lebendiger Gestik.

Das Geheimnis der Gestik

So wenig wie Sie Ihren Vortrag auswendig gelernt herunterbeten sollten, genauso wenig sollten Sie auch nur im Traum daran denken, einzelne Gesten vor dem Spiegel einzuüben – also etwa die geballte Faust als Zeichen der Kraft oder die zusammengeführten Fingerspitzen einer Hand als Zeichen des Schönen und Geschmackvollen. Nein, das Geheimnis der Gestik haben Sie gelöst, wenn Sie Ihre Gefühle frei fließen lassen können. Wenn Ihnen das gelingt, werden sich die dazu passenden Gesten von selbst bilden – und zwar immer einen winzigen Moment, bevor Sie den Gedanken dazu aussprechen. Der Gedanke wird zuerst als Geste sichtbar und kurz darauf als Sprache hörbar.

Egal ob Sie viel oder wenig mit den Händen gestikulieren – halten Sie beide Arme möglichst angewinkelt in Höhe des Oberkörpers – das wirkt wesentlich dynamischer, als wenn Sie Ihre Hände zwischendurch schlapp herunterhängen lassen. Beste Ruheposition für die Hände in einer Phase ohne Gestik: beide Handflächen vor dem Oberkörper locker ineinanderlegen.

Gesten entstehen zwar im Prinzip wie von selbst – dennoch gibt es einen Typ von Geste, den Sie gezielt einsetzen und daher auch üben können: und zwar Gesten, die Informationen übermitteln. Halten Sie einfach drei Finger hoch, wenn Sie die drei entscheidenden Vorteile Ihres neuen Mobilfunktarifs oder Ihres neuen Franchise-Systems hervorheben wollen. Halten Sie eine Hand in Schulter- oder in Hüfthöhe über dem Boden, wenn Sie anzeigen wollen, wie hoch ein Stapel unerledigter Akten angewachsen ist. Wichtig: Lassen Sie die Hände immer kurz in dieser Position verweilen.

Und wenn Sie nun gar nicht wissen, wohin mit den Händen? Ist es dann nicht ratsam, einen Stift oder eben zumindest Ihren Stapel Karteikarten in der Hand zu halten? Nun, der eine Redner bevorzugt es, „freie Hand" zu haben, dem anderen gibt ein Stift oder ein anderes Utensil ein wenig zusätzliche Sicherheit. Warum also dogmatisch sein? Greifen Sie zum Stift, wenn Sie sich dadurch wohler fühlen.

Suchen Sie den Blickkontakt zu Ihren Zuhörern! Der Blickkontakt bildet die kommunikative Brücke zwischen Redner und Publikum. Wenn Sie keinen Blickkontakt zu Ihren Zuhörern aufnehmen, werden Sie als Person in dieser Gruppe auf Ablehnung stoßen. Nehmen Sie dagegen bewussten Blickkontakt mit Ihren Zuhörern auf, zeigen Sie dem Einzelnen, dass Sie ihn wahrnehmen, und Sie zeigen der Gruppe, dass es Ihnen ein echtes Anliegen ist, zu ihr zu sprechen. Tipp für die Blickführung: Sprechen Sie einen Gedanken komplett aus und lassen Sie dabei Ihren Blick auf einem Zuhörer ruhen. Wenn Sie jetzt zum nächsten Gedanken übergehen, schauen Sie eine andere Person im Publikum an – und so weiter! So vermeiden Sie, dass Sie mit dem Blick permanent ruhelos umherstreifen.

Die erste Minute vor Ihrem Publikum

Die ersten 30 Sekunden entscheiden darüber, welches Urteil das Publikum über den Vortragenden fällt. Jetzt haben Sie die beste Chance, Ihre Zuhörer von Anfang an zu fesseln. Stellen Sie sich daher nur sehr kurz vor. Nennen Sie Ihren vollen Namen! Verzichten Sie auf Herr/Frau und der/die! Sagen Sie einfach: „Ich heiße Florian Meier." Verzichten Sie auf jede Unterwürfigkeit, kein „Ich darf Sie heute …". Ihren Namen sollten Sie am besten zusätzlich schriftlich präsentieren – auf der Tafel, dem Flipchart oder einer PowerPoint-Folie!

Nennen Sie ebenso knapp Ihr Thema – am besten als griffige Schlagzeile –, und liefern Sie jetzt sofort einen packenden Einstieg: *Weg* 1: Stellen Sie eine Frage – und binden Sie damit Ihr Publikum sofort ein: Eine Möglichkeit ist die rhetorische Frage; sie weckt sofort Aufmerksamkeit: „Wollen wir es tatenlos hinnehmen, dass unsere Konkurrenz an uns vorbeizieht?" Eine andere Möglichkeit ist die aggressive, provozierende Frage, hier in Form einer Wette: „Wetten, dass eine chinesische Firma uns in zwei Jahren kauft, wenn wir jetzt nicht klare Regeln für den Rohstoffeinkauf verabreden?" *Weg* 2: Erzählen Sie eine Geschichte oder Anekdote, die zu dem Thema passt. *Weg* 3: Nutzen Sie einen konkreten Gegenstand als Metapher: „Dieses Thema ist wie ein Fisch, weil es schwer zu packen ist." Oder: „Haben Sie das Baugerüst auf der anderen Straßenseite gesehen? Ich möchte Ihnen jetzt ein völlig anderes Baugerüst vorstellen – unser neues Konzept zur Qualitätssicherung, das auf drei Säulen steht." *Weg* 4: Sprechen Sie die Zuhörer selbst an, erkundigen Sie sich nach dem Stellenwert, den Ihr Thema für sie hat: „Wer von Ihnen hat schon Erfahrungen im Osteuropahandel gemacht?" *Weg* 5: Stellen Sie anfangs die Frage, die Ihr Vortrag schließlich beantworten wird.

Überlegen Sie immer: Was von diesem Thema interessiert meine Zuhörer heute? Gestalten Sie dementsprechend schon Ihren Einstieg zielgruppenorientiert!

Das Interesse der Zuhörer wecken und wachhalten

Als Zuhörer bin ich dann aufmerksam, wenn ich weiß, dass es in diesem Vortrag um meine Interessen geht. Für den Referenten gilt also: Beziehen Sie sich so oft wie möglich auf die Teilnehmer und ihre Interessen. Diese grundsätzliche Perspektive beginnt damit, dass Sie nicht von „man", sondern von „Ihnen" reden. Sprechen Sie Ihr Publikum gern auch direkt an: „Wenn Sie unsere völlig neue Methode XY nutzen, werden Sie Ihre Produktivität steigern."

Bauen Sie immer wieder Dialogelemente in Ihren Vortrag ein. Schaffen Sie so eine Erwartungshaltung und damit Spannung. Stellen Sie zum Beispiel „Wer von Ihnen …?"-Fragen: „Wer von Ihnen hat schon einmal Fotos per Handy verschickt? Bitte melden!" „Hand aufs Herz: Wer von Ihnen kennt die Bestandteile unserer Schmerztabletten?" Nutzen Sie immer wieder rhetorische Fragen, um Überleitungen zu gestalten! Kündigen Sie jedoch Fragen nicht erst großartig an, sondern stellen Sie sie einfach! Haben Sie keine Scheu davor, dass Fragen ans Publikum Ihren Vortrag zeitlich verlängern. Die Zuhörer werden sich weniger langweilen und besser beim Thema bleiben.

Interesse wecken Sie zudem, wenn Sie etwas Exklusives zu erzählen haben, wenn Sie Informationen und Hintergründe preisgeben, die nicht jeder zu hören bekommt. Plaudern Sie aus dem Nähkästchen, geben Sie Einblick in Ihren Erfahrungsschatz – ohne allerdings den „roten Faden" zu verlieren!

Denken Sie daran: Wer dauerhaft das Interesse der Zuhörer wachhalten möchte, wird es nie auf der Verstandesebene allein schaffen. Sprechen Sie also nicht nur den Verstand an, sondern auch das Herz. Bedienen Sie die Sachebene plus die Gefühlsebene – am besten beides zugleich.

Suchen Sie originelle Wege, um zentrale Punkte Ihres Vortrags hervorzuheben: Verpacken Sie eine besonders wichtige Information in eine Quizfrage. Geben Sie vier Lösungsmöglichkeiten vor, wie bei der TV-Quizshow *Wer wird Millionär?*

Zum Schluss noch ein Ratschlag des ehemaligen US-Außenministers Henry Kissinger. „Eine abgelesene Rede garantiert, dass Ihnen das Publikum nicht zuhört", mahnte der Politiker. Reden Sie also, tragen Sie vor – aber lesen Sie nicht einfach ab, was in Ihrem Manuskript steht!

Treffende Zitate einbauen

„Wird man unerwartet gebeten, eine Rede zu halten, so erschrecke man nicht, sondern fasse sich. Aber kurz!", meinte der Humorist Heinz Erhardt. Wenn Sie mit diesem Zitat in Ihre Rede einsteigen, haben Sie die Sympathie der

Zuhörer schon so gut wie gewonnen. Denn das Zitat ist nicht nur witzig und prägnant, es verspricht dem Publikum außerdem einen ebenso kurzen wie kurzweiligen Vortrag.

An welcher Stelle Sie welches Zitat am passendsten in Ihre Rede oder Ihre Präsentation einbauen, lässt sich andererseits kaum allgemeingültig sagen. Ideale Platzierungen für „geflügelte Worte" sind sicherlich Anfang und Schluss, aber auch mittendrin kann ein Zitat zum Volltreffer werden. Letztlich zählt vor allem eins, wie schon Molière wusste: „Wer so spricht, dass er verstanden wird, der spricht gut."

Molière? Sind Sie sicher, dass Ihre Zuhörer diesen Theaterdichter kennen? Fragen Sie lieber nicht im Auditorium nach, denn Sie werden sich wundern, wie unbekannt manche berühmten Leute sind. Liefern Sie also die Erklärung gleich mit, sagen Sie „... wie schon der französische Dramatiker Molière wusste". Zwar sollten Sie sowieso möglichst nur Zitate berühmter oder renommierter Philosophen, Dichter, Wissenschaftler oder Firmenlenker verwenden, aber im Zweifel erklären Sie dennoch lieber, um wen es sich hier genau handelt.

Wo finden Sie aussagekräftige Zitate? Eine ergiebige Quelle ist sicherlich das Buch *Lebensweisheiten berühmter Philosophen* von Stefan Knischek mit 4 000 Zitaten von Aristoteles bis Wittgenstein. Wer Unkonventionelles sucht, wirft zum Beispiel einen Blick in *Die besten Zitate aus James Bond-Filmen* von Siegfried Tesche, *Die besten Zitate der Politiker* von Peter Köhler oder *Die besten Zitate aus Wirtschaft und Management* von Michael Brückner – alle bei humboldt erschienen.

Auch wenn Sie sich über die Fülle der prägnanten Zitate, die Sie in diesen Sammlungen finden, noch so freuen – hüten Sie sich unbedingt vor einem Kardinalfehler: Machen Sie aus Ihrem Vortrag auf keinen Fall eine Aneinanderreihung von Zitaten! Nichts ist ermüdender, nerviger und unoriginneller, als Ihre Rede auf eine Kette noch so starker Zitate zu stützen. Hat dieser Mensch nichts Eigenes zu sagen, werden sich Ihre Zuhörer irgendwann fragen. Und schon der deutsche Philosoph Arthur Schopenhauer wusste: „Jedes überflüssige Wort wirkt seinem Zweck gerade entgegen."

Fragen und Kritik richtig parieren, notorische Störer ausbremsen

Wenn Sie Ihre Präsentation eindeutig abgeschlossen haben, rufen Sie die Zuhörer dazu auf, Fragen zu stellen. Passen Sie gut auf, dass Sie beide Teile deutlich voneinander trennen! Alternativ dazu können Sie anfangs schon erklären, dass Sie Verständnisfragen zwischendurch beantworten, inhaltliche Fragen aber erst zum Schluss beantworten oder diskutieren werden.

Fragerunde im Probedurchgang testen

Wenn Sie die Chance haben, vor der eigentlichen Präsentation einen „Trockendurchgang" mit befreundeten, wohlgesinnten Kollegen durchzuspielen, könnten Sie hier gleich testen, welche Fragen eventuell auf Sie zukommen werden. Fordern Sie Ihre Freunde oder Kollegen also beim Probedurchgang auf: Welche Fragen fallen euch ein?

Generell gilt: Je besser Sie auf Ihren Vortrag vorbereitet sind, desto souveräner können Sie mit Nachfragen und Kritik umgehen. Wenn Sie genau wissen, dass Ihre Fakten stimmen, kann Sie so schnell nichts aus der Bahn werfen!

Ein konkreter Tipp: Wenn Sie die Frage beantworten, sollten Sie nicht nur den Fragesteller anschauen, sondern Ihre Blicke über das gesamte Publikum schweifen lassen, um alle Teilnehmer ins Boot zu holen.

Bleiben Sie weiterhin ruhig und bestärken Sie sich innerlich, auch wenn jetzt eventuell etwas schärfer klingende Fragen gestellt werden. Seien Sie freundlich und deuten Sie nicht jede (kritische) Frage gleich als Angriff auf Ihre Kompetenz oder Ihre Person. Nehmen Sie zudem jede Frage ernst. Denken Sie nicht, dass Sie genau diesen Punkt doch gerade ausführlich erklärt haben! Beantworten Sie die Frage ruhig und gelassen.

Signalisieren Sie menschliche Wertschätzung für den Fragenden und bleiben Sie in Ihrer Replik auf die Kritik allein auf der Sachebene. Bauen Sie keinen noch so versteckten Seitenhieb auf den Kritiker ein.

Ein Hinweis zum Ablauf der Fragerunde: Sammeln Sie mehrere Fragen, und antworten Sie dann im Block auf die einzelnen Komplexe. Bei diesem Verfahren machen Sie sich am besten kurze Notizen, um nichts zu vergessen. Wenn Sie eine Frage nicht endgültig beantworten können, notieren Sie diesen Punkt etwa auf dem Flipchart. Erklären Sie den Zuhörern, wann und wie Sie die Antwort nachliefern werden.

Holen Sie ein Kurz-Feedback zu Ihrem Vortrag ein!
Zeichnen Sie auf dem Flipchart eine x-Achse und eine y-Achse sowie eine Skala von 1 bis 10. Geben Sie jeder Achse eine Beschriftung, beispielsweise: Informationswert und Verständlichkeit des Vortrags; praktischer Nutzen und Anschaulichkeit. Verteilen Sie Klebepunkte, die jeder anonym anbringen kann. Alternative: Zeichnen Sie eine Zielscheibe und benennen Sie jedes „Tortenstück" mit einem Kriterium (Nutzwert, Vortragslänge, Verständlichkeit). Lassen Sie auch hier Klebepunkte anbringen. Oder teilen Sie Kopien aus, die anonym ausgefüllt werden können.

Bedenken Sie, dass Sie nicht auf jede Frage vor der gesamten Zuhörerschaft antworten müssen. Gehen Sie auf Spezialfragen nicht im Plenum ein, sondern bieten Sie dem Fragesteller ein kurzes Gespräch nach dem Vortrag an!

Generell gilt auch in der Fragerunde: Bleiben Sie Sie selbst! Verbiegen Sie sich nicht!

Sollten tatsächlich scharfe Angriffe erfolgen, ist es wichtig, dass Sie alles tun, um eine Eskalation zu vermeiden. Wenn Sie diese Tipps beachten, bleiben Sie souverän:

- Ignorieren Sie den Einwand nicht. Sonst folgt in Kürze ein weiterer emotionaler Ausbruch.
- Hören Sie aktiv zu. Wenden Sie sich dem Kritiker auch körperlich zu. Bleiben Sie dabei ruhig.
- Danken Sie dem Störer für seinen Input – das nimmt ihm den Wind aus den Segeln. Ignorieren Sie unsachliche Bemerkungen. Filtern Sie den sachlichen Kern der Kritik heraus – nur auf diesen sachlichen Einwand gehen Sie jetzt ein.

Beispiel: „Diesem Plan wird die Belegschaft sicher nicht zustimmen. Ihr Konzept ist völlig überzogen." Ihre Antwort: „Ich bedanke mich für Ihren aktiven Beitrag. Ich höre, dass Sie deutliche Vorbehalte haben. Ich bin davon überzeugt, dass wir in Kürze den besten Weg finden werden, das Projekt in unserer Firma umzusetzen."

Wenn jemand zu weitschweifig wird und die Diskussion völlig vom Thema Ihrer Präsentation abzukommen droht, sollten Sie freundlich, aber deutlich unterbrechen:

„Lieber Kollege Schulze, danke für Ihren engagierten Beitrag. Ihre Beispiele führen uns im Moment etwas von unserem Thema weg. Ich möchte sie gern später wieder aufgreifen." Nun notieren Sie ein Stichwort auf dem Flipchart oder auf einem Notizblock. Später sollten Sie unbedingt noch sagen, wann Sie Schulzes Vorschläge weiterbesprechen werden.

Bremsen Sie Störer aus, indem Sie eine Frage an den Störer oder Kritiker zurückgeben: „Was meinen Sie genau?" „Was verstehen Sie unter schlampiger Umsetzung?" „Könnten Sie Ihre Kritik noch einmal wiederholen? Ich bin nicht sicher, ob ich Sie verstanden habe." „Können Sie bitte die Gründe für Ihre Kritik nennen?"

Bleibt der Angreifer weiterhin unsachlich, fordern Sie ihn konkret auf, auf die Sachebene zurückzukehren. Wird permanent nur genörgelt, fordern Sie den Nörgler auf, eigene Vorschläge zu machen: „Sie behaupten, unser Vertrieb sei unfähig. Welche konkreten Verbesserungsvorschläge können Sie uns denn anbieten?"

Am nervigsten sind sogenannte Killerphrasen. Das sind Pauschalurteile, deren Wahrheitsgehalt Sie kaum rundheraus bestreiten können. Am besten reagieren Sie auf solche Verallgemeinerungen, indem Sie den Kritiker dazu auffordern, konkreter zu werden, seine pauschale Kritik an Beispielen zu verdeutlichen.

Beispiel für eine Killerphrase: „Ihre Präsentation beweist doch lediglich, dass Sie ein guter Redner sind und gut einen Vortrag vorbereiten können. Ihre Ideen sind doch reine Theorie. Ob unsere Außendienstmitarbeiter Ihre Ideen tatsächlich umsetzen können, ist damit noch lange nicht bewiesen."

Ihre Reaktion könnte sich so anhören: „Vielen Dank für Ihren Beitrag. Sie sehen also Schwierigkeiten in der praktischen Umsetzung. Wo genau sehen Sie denn Hindernisse?"

Selbstverständlich können Sie auch einen anderen Weg wählen und versuchen, die Killerphrase wegzudrücken, das Thema zu vertagen und schnell zu einem anderen Aspekt überzuleiten.

Überlegen Sie jedoch sehr genau, ob Sie auf eine Killerphrase mit einer anderen Killerphrase antworten wollen. Es kann funktionieren, den Kritiker damit zum Schweigen zu bringen. Genauso gut kann es ihn aber dazu aufstacheln, sich mit Ihnen einen regelrechten Schlagabtausch zu liefern.

Sieben goldene Regeln
für die eigentliche Präsentation:

- Bringen Sie sich in eine positive Grundstimmung: Freuen Sie sich auf Ihren Vortrag!
- Geräte und Hilfsmittel immer vorher prüfen – keinen Blindflug riskieren!
- Finden Sie einen festen Stand – und bleiben Sie emotional beweglich!
- Setzen Sie nichts als bekannt voraus – erklären Sie lieber zu viel als zu wenig!
- Versetzen Sie sich in die Perspektive Ihrer Zuhörer: Warum soll ich ausgerechnet bei dieser Präsentation aufmerksam zuhören?
- Zeigen Sie, dass Ihnen Ihr Publikum und Ihr Thema wichtig sind!
- Wenn etwas schiefgeht, wenn Zuhörer stören: Pannen beheben, Störer stoppen, nicht jede Kritik persönlich nehmen!

Die computergestützte Präsentation mit PowerPoint

Das Programm PowerPoint aus dem Hause Microsoft ist beim Thema Präsentation noch immer der Maßstab. Mit PowerPoint können Sie Ihre Informationen so deutlich und anschaulich vermitteln wie auf keine andere Weise. Die vielfältigen Möglichkeiten von PowerPoint machen aus Ihrer Präsentation ein Multimedia-Ereignis, das Fakten einprägsam verdeutlicht. Einzige Voraussetzung: Sie benötigen ein paar Grundkenntnisse, damit Sie all die Schätze, die in dem Programm verborgen sind, auch heben können. Los geht's!

Der Einstieg: Zentrale PowerPoint-Begriffe und die PowerPoint-Benutzeroberfläche

Jede PowerPoint-Präsentation besteht aus einer Abfolge von Seiten. Diese Seiten werden bei PowerPoint als Folien bezeichnet. Auf den Folien zeigen Sie Texte, Grafiken, Diagramme und Bilder.

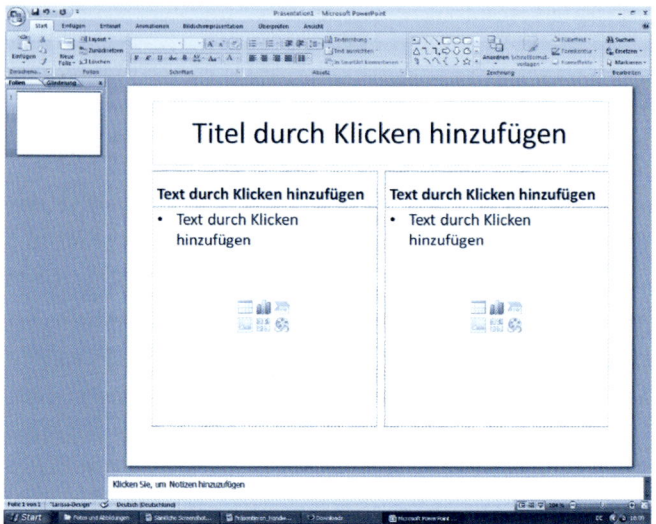

Beispiel für ein PowerPoint-Folienlayout

Um Ihrer Präsentation eine Optik wie aus einem Guss zu geben, bauen Sie die Folien am besten einheitlich auf und verwenden durchgehend die gleichen Schriftarten und Bildsymbole. Damit Sie dieses sogenannte *Folienlayout* nicht in mühsamer Kleinarbeit selbst erstellen müssen, bietet Ihnen PowerPoint einen „Baukasten" voller Vorlagen, voller Standard-Layouts an, aus denen Sie sich nach Bedarf Ihr Lieblingsmodell aussuchen können. Hier fügen Sie jetzt Ihre Texte oder Diagramme an den vorgesehenen Stellen ein.

Ihre Folien kommen Ihnen noch zu nüchtern vor? Keine Sorge: PowerPoint bietet Ihnen für das Dokumentdesign einen weiteren „Baukasten" voller attraktiv gestalteter Vorlagen an, mit denen Sie Ihre Präsentation optisch veredeln können. Zusätzlich zum Folienlayout können Sie beim Dokumentdesign Ihren Folien beispielsweise einen getönten, farbigen Hintergrund geben. Kreise, Wellen oder andere Muster geben Ihren Folien zusätzlichen Reiz. Farben, Schriftarten und Effekte können Sie selbst auswählen.

Genug der Grundbegriffe! Schauen wir uns einmal Ihren Bildschirm an, wenn Sie PowerPoint gestartet haben. So sieht die Benutzeroberfläche bei PowerPoint aus – wir beziehen uns hier auf die Version PowerPoint 2007:

Am oberen Rand sehen wir die Multifunktionsleiste, wie wir sie fast identisch auch aus Microsoft Word kennen. Darüber liegt nur noch die Symbolleiste für den Schnellzugriff.

Im linken Teil des Bildschirms haben wir das Vorschaufenster mit der Gliederungsansicht. Hier können Sie Ihren Text klar und präzise in Ober- und Unterpunkte gegliedert eingeben und anzeigen.

In der Mitte des Bildschirms sehen Sie das große Dokumentfenster mit der aktuellen Ansicht der Folie, die Sie gerade bearbeiten. In die Platzhalter geben Sie später Text und andere Elemente ein. Praktischer Tipp: Mit der Zoom-Funk-

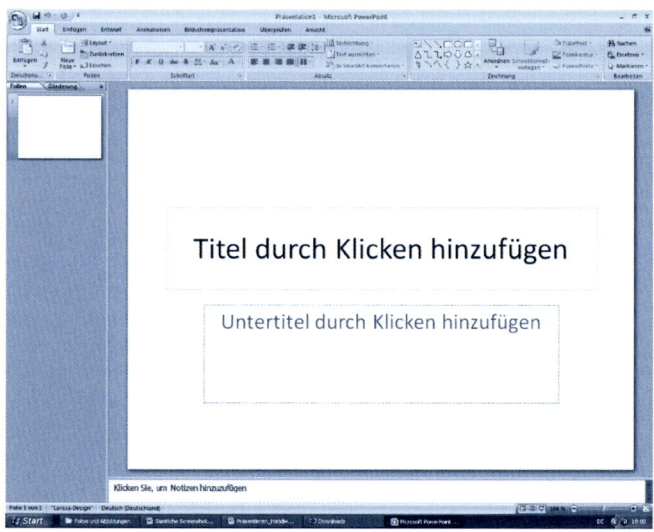

Die PowerPoint-Benutzeroberfläche

tion am Rand rechts unten können Sie Ihre Folie nach Ihren Wünschen größer oder kleiner darstellen. Gleich links neben der Zoom-Funktion befinden sich drei kleine Kästchen, mit denen Sie schnell zwischen drei verschiedenen Ansichten Ihrer Präsentation hin und her springen können: Normal, Foliensortierung und Bildschirmpräsentation.

So erstelle ich eine PowerPoint-Präsentation nach Vorlage

Für Anfänger besteht der einfachste und schnellste Weg zu einer optisch attraktiven PowerPoint-Präsentation darin, zunächst ausschließlich die fertigen Layout-Bausteine zu verwenden, die PowerPoint bereitstellt. Wer diesen Weg beherrscht, kann seine erste eigene Präsentation erstellen. Nach etwas Übung mit dem Baukasten-Prinzip können Sie rasch zur Umsetzung eigener kreativer Ideen übergehen. Hier die einzelnen Arbeitsschritte:

1. *Auswahl des Folienlayouts:* Einstieg über die Registerkarte *Start* in der Multifunktionsleiste. Gehen Sie auf die Aufgabengruppe *Folien* und klicken Sie mit der Maus das Feld *Layout* an. Nun öffnet sich eine Auswahl von Layout-Folien. Sie wählen eine davon aus, indem Sie mit der Maus darüberfahren. In dieses Layout fügen Sie später Text, Fotos oder Grafiken ein!

2. *Auswahl der Designvorlage:* Einstieg über die Registerkarte *Entwurf* auf der Multifunktionsleiste. Fahren Sie mit einer Maus über eine der Designvorlagen – sofort übernimmt das Folienlayout im Dokumentfenster die Optik dieser Designvorlage. Wenn Sie diese Auswahl rückgängig machen möchten, klicken Sie auf den *Rückgängig*-Pfeil in der Schnellzugriffsleiste. Als fortgeschrittener PowerPoint-Nutzer können Sie später Farben, Schriftarten und Effekte nach Ihren Wünschen verändern und anpassen.

3. *Auswahl des Hintergrundformats:* Fertige Vorlagen für verschiedenfarbige Hintergründe zu Ihren Folien finden Sie ebenfalls über die Registerkarte Entwurf, in der Aufgabengruppe *Hintergrund*. Wenn Sie hier auf *Hintergrundformate* klicken, werden verschiedene farbige Hintergründe sichtbar. Gehen Sie mit dem Mauszeiger darüber, erscheint der jeweilige Hintergrund im Dokumentfenster. Als geübter PowerPoint-Anwender können Sie diese Hintergründe auch verändern, und zwar über das Dialogfeld *Hintergrund formatieren*. Sie klicken dort das Listenfeld *Farbe* an, dann die Auswahl einer Farbe. Außerdem können Sie Farbverläufe, Schattierungen und Füllungen bestimmen.

4. *Füllen der Platzhalter mit Text, Grafiken oder Bilder:* Beginnen wir mit den Texten. Hier reicht es aus, einmal mit der Maus das Textfeld anzuklicken, in das Sie schreiben möchten. Sobald Sie „drin" sind, können Sie losschreiben. Verwenden Sie am besten möglichst einfache Schriften wie Arial, Times oder Verdana, die von allen Programmversionen erkannt werden. Befindet sich auf Ihrer Layoutvorlage ein Platzhalter für Grafiken, klicken Sie jetzt diesen Platzhalter an, um eine Grafik einzufügen. Es öffnet sich ein Dialogfenster *Grafik einfügen*, mit dem Sie auf Ihrem Computer eine vorhandene Grafik suchen können. Wenn Sie den Dateinamen dieser Grafik per Doppelklick aktivieren, überträgt PowerPoint sie direkt auf Ihre Folie. Nach demselben Prinzip können Sie Fotos einfügen. Sie klicken auf den Platzhalter für Bilder, das Dialogfenster öffnet sich. Nun suchen Sie Ihre Foto-

datei und klicken sie zweimal an – schon wird das Bild auf Ihre Folie übertragen.

5. *Folien duplizieren*: Im nächsten Unterkapitel werden Sie erfahren, wie Sie selbst eine Masterfolie erstellen, also eine Musterfolie für alle folgenden Folien einer Präsentation. Bis dahin nutzen wir einen einfachen Weg, um die Optik unserer ersten Folie auf alle weiteren Folien zu übertragen – wir verdoppeln die erste Folie einfach, wir duplizieren sie: Klicken Sie die zu duplizierende Folie im Vorschaufenster im linken Teil des Bildschirms an. Unter der Registerkarte Start gehen Sie nun auf die Aufgabengruppe *Folie* und dort auf *Neue Folie*. Dort klicken Sie jetzt auf das Feld *Ausgewählte Folien duplizieren*. Nun haben Sie eine Kopie der Ursprungsfolie, auf der Sie Texte oder andere Inhalte bequem mit neuen Texten und Inhalten überschreiben können.

6. Folienübergänge einrichten: Um Ihre erste Präsentation abzurunden, legen Sie schließlich noch fest, wie genau der Wechsel zwischen den einzelnen Folien aussehen soll. Näheres dazu finden Sie später im Unterkapitel „Animationen und Effekte". Hier nur kurze Hinweise: Sie gehen auf der Registerkarte *Animationen* zur Aufgabengruppe *Übergang zu dieser Folie*. Hier finden Sie eine Auswahl an Symbolen für verschiedene Folienübergänge. Eine größere Auswahl wird angezeigt, wenn Sie auf den nach unten zeigenden Pfeil rechts neben den Symbolen klicken. Halten Sie den Mauszeiger auf eines der Symbole, wird der Effekt vorgeführt und Sie können Ihre Auswahl treffen.

Präsentationen mit einer selbst erstellten Vorlage: der Folienmaster

Wie Sie jetzt gesehen haben, kommen Sie mit den Design-Bausteinen aus PowerPoint schon ziemlich weit. Manchmal jedoch ist es sinnvoll oder notwendig, dass Sie Ihren Folien ein ganz eigenes Aussehen geben. Wenn Ihre Präsentation zum Beispiel die „Corporate Identity" durch Rückgriff auf das festgelegte Design für den Auftritt Ihrer Firma ausdrücken sowie das Firmenlogo zeigen soll, dann ist es angebracht, dass Sie einen Folienmaster, also eine eigene Vorlage für Ihre Präsentation, erstellen. Großer Vorteil: Die Grundelemente des Folienmasters werden automatisch auf alle weiteren Folien Ihrer Präsentation übertragen.

Diese Inhalte gehören auf den Folienmaster

Diese Grundelemente kann Ihr Folienmaster enthalten: das Firmenlogo, Platzhalter für Texte, Grafiken und Bilder, Seitenzahlen, Kopf- und Fußzeilen (in denen etwa die Überschrift Ihrer Präsentation, Ihr Name oder die Internet-Adresse der Firma erscheint), Hintergrunddesign, Farbschema.

Und so richten Sie Ihren Folienmaster ein: Wie schon oben gezeigt, gehen Sie zunächst über die Office-Schaltfläche und die Option *Neu* wieder auf eine *Leere Präsentation*. Anschließend klicken Sie auf die Schaltfläche *Erstellen* unten rechts.

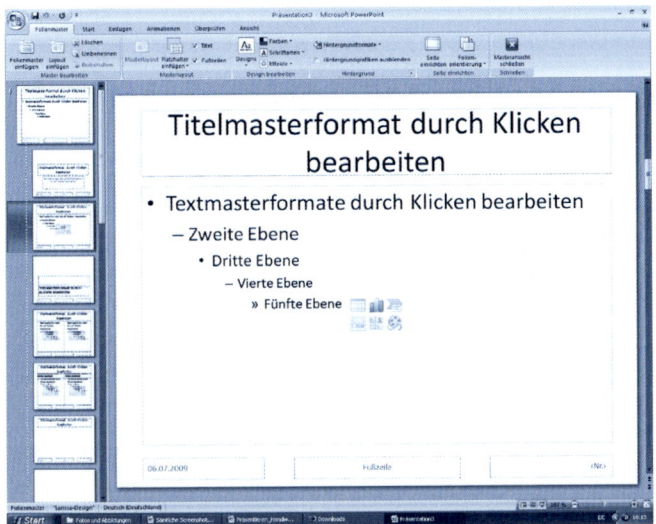

Beispiel für eine der Designvorlagen für den Folienmaster

Jetzt klicken Sie auf der Registerkarte *Ansicht* auf *Folienmaster*. PowerPoint bietet Ihnen hier bereits Designvorlagen an, die Sie verwenden, anpassen oder ignorieren können.

So fügen Sie die Grafik mit dem Logo Ihrer Firma, Ihrer Institution oder Ihres Vereins ein: Aktivieren Sie zuerst die Masterfolie mit einem Klick ins Dokumentfenster. Als Nächstes klicken Sie auf der Registerkarte *Einfügen* auf die Schaltfläche *Grafik*. Jetzt suchen Sie den Ordner und das Dokument, auf dem dieses Logo auf Ihrem Computer gespeichert ist. Wählen Sie die Grafik per Doppelklick aus.

Wenn Größe und Platz des Logos noch nicht stimmen, können Sie auf der Registerkarte *Format* unter dem Hinweis *Bildtools* die Größe der Grafik verändern: In der Aufgabengruppe *Schriftgrad* öffnen Sie das Dialogfeld *Größe und Position*, und geben unter *Skalieren* 100 Prozent für Höhe und Breite der Grafik an. Die Position des Logos können Sie jetzt über die Pfeiltasten auf der Tastatur festlegen.

Hier ein Beispiel der BASF. Auf seine Homepage hat der Chemiekonzern eine Kurzfassung der wichtigsten Firmendaten gestellt. Unter dem Titel „BASF Equity Story" findet sich im Bereich „Investor Relations" eine Präsentation, bei der alle Folien in derselben Optik gestaltet sind, um die „Corporate Identity" zu stärken. Rechts zwei Folien aus der BASF-Präsentation.

Kommen wir zum nächsten Schritt: Nun definieren Sie einige Platzhalter, beispielsweise für einen Titel, für ein Bild und eine Grafik. In der Aufgabengruppe *Masterlayout* finden Sie die Schaltfläche *Platzhalter einfügen*. Hier können Sie die Optionen *Bild*, *Grafik* oder *Text* auswählen und die passenden Platzhalter auf Ihren Folienmaster übertragen. Um den Vorgang abzuschließen, ziehen Sie mit der gedrückten Maustaste, die jetzt ein Kreuz anzeigt, ein Rechteck auf.

Nehmen wir an, Sie möchten am Fuß der Seiten noch Textzeilen einfügen, etwa für Adressen, Webseiten oder den Titel Ihrer Präsentation. Diese Fußzeilen richten Sie ein,

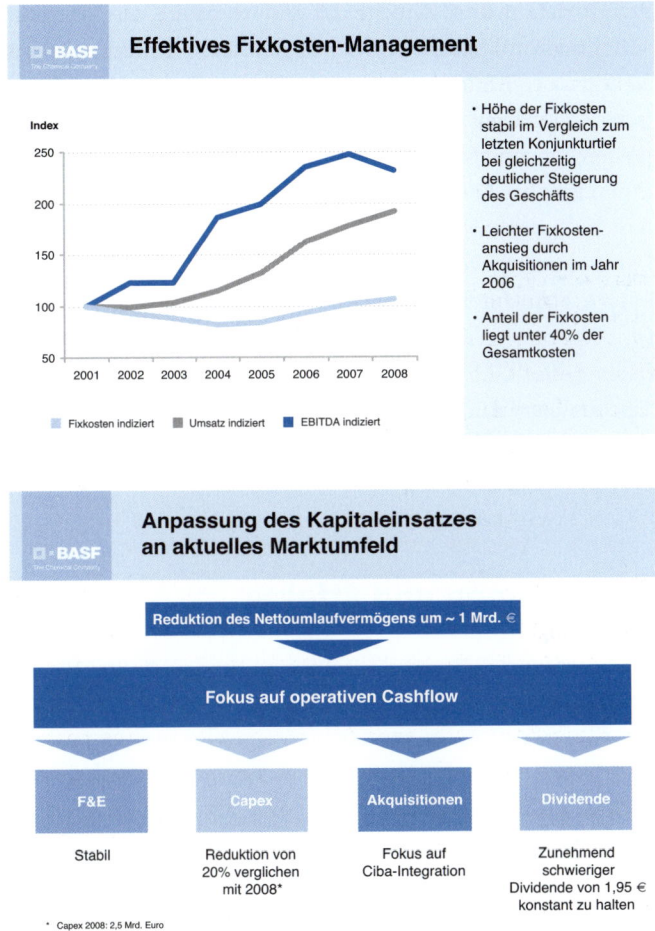

Eine Firmenpräsentation des Chemiekonzerns BASF für Investoren zeigt, wie man mit dem Folienmaster eine attraktive, einheitliche Optik gestalten kann.

indem Sie zunächst wieder auf die erste Seite, also auf den Folienmaster, klicken. Auf der Registerkarte *Einfügen* klicken Sie jetzt auf *Textfeld*. Nun ziehen Sie bei gedrückter Maustaste ein Textfeld am linken unteren Rand der Folie und ein weiteres am rechten unteren Rand auf. Diese Felder stehen Ihnen für Ihre Textangaben zur Verfügung – fertig!

Damit das Ergebnis nicht verloren geht, speichern Sie Ihren Entwurf am besten sofort ab – und zwar im Dateiformat für Präsentationsvorlagen. Dazu klicken Sie auf die Schaltfläche *Office*. Gehen Sie mit dem Mauszeiger auf die Option *Speichern unter* und wählen Sie *Andere Formate* aus. Geben Sie einen Dateinamen ein und im Listenfeld *Dateityp* das Format *PowerPoint-Vorlage* (.potx).

Animationen und Effekte

Keine Frage, mit attraktiv und einprägsam gestalteten Folien können Sie Ihr Publikum fesseln und die Wirkung Ihrer Präsentation im Vergleich zu einer Rede ohne visuelle Unterstützung deutlich erhöhen. PowerPoint erlaubt es zudem, ein hohes Maß an Bewegung auf die Leinwand zu bringen.

Allein schon die Art, in der eine Folie auf die nächste folgt, bietet originelle optische Effekte. Zudem können Sie die einzelnen Textblöcke nacheinander in die Folie hineinfliegen lassen oder sogar bewegte Grafiken oder Filme in Ihre Präsentation einbauen. Dabei sollten Sie immer darauf achten, was Sie eigentlich erreichen möchten. Setzen Sie Animationen immer sehr sparsam ein, etwa um einen wichtigen Punkt hervorzuheben oder einen witzigen Abschluss zu finden. Schließlich sollte die Form nicht vom Inhalt ablenken, sondern ihn unterstützen.

Effekte bei Folienübergängen

Beginnen wir mit den Seitenwechseln zwischen den Folien. Sie können diese Folienübergänge ruhig und sanft oder mit einem auffälligen Hingucker-Effekt gestalten. Zudem legen Sie fest, wie lange jede Folie zu sehen ist und ob der Wechsel automatisch oder per Mausklick erfolgen soll.

Alle Bewegungseffekte in Ihrer Präsentation steuern Sie über die Registerkarte *Animationen*. Den ersten Seitenwechsel richten Sie nun in der Aufgabengruppe *Übergang zu dieser Folie ein*. Später können Sie diesen Übergang entweder für alle Folien übernehmen (meistens der sinnvollste Weg) oder für jede Folie neu festlegen (in vielen Fällen zu verwirrend für das Auge).

Bereits jetzt sehen Sie eine kleine Auswahl an Symbolen für verschiedene Folienübergänge. Eine Fülle weiterer Möglichkeiten wird Ihnen angezeigt, wenn Sie auf den nach unten zeigenden Pfeil rechts neben den Symbolen klicken. Wenn

Sie nun den Mauszeiger auf eines der Symbole halten, wird Ihnen im Dokumentfenster sofort der jeweilige Effekt vorgeführt.

Tipp: Dauer der Folien „live" einstellen

Sie möchten nicht einfach eine Sekundenzahl festlegen, sondern Ihrem Gespür folgen? In der Version von 2007 bietet PowerPoint die Möglichkeit, direkt während eines Probedurchlaufs die Anzeigelänge der Folien festzulegen. Dazu klicken Sie auf der Registerkarte *Bildschirmpräsentation* auf die Schaltfläche *Neue Einblendezeiten testen*. Wenn nun Ihre Präsentation abläuft, wird parallel in einem kleinen Kasten eine ablaufende Uhr gezeigt. Wenn eine Folie nach Ihrem Gefühl lange genug zu sehen war, klicken Sie auf den Pfeil neben der Uhr. Die nächste Folie erscheint, und die Anzeigedauer ist nun gespeichert. Den Testlauf können Sie auch wiederholen.

Ebenfalls in der Aufgabengruppe *Übergang zu dieser Folie* können Sie jetzt weitere Einstellungen vornehmen. So können Sie unter *Übergangssound* den Folienwechsel mit einem Klangeffekt unterstreichen. Unter dem Zeichen Übergangsgeschwindigkeit wählen Sie aus, ob der Folienwechsel *Langsam*, *Mittel* oder *Schnell* erfolgt. Die effektivste Lösung ist es jetzt, diese Einstellungen für alle Ihre Folien zu übernehmen. Dies können Sie festlegen unter *Für alle übernehmen*. Anschließend können Sie immer noch für einzelne Folien eine abweichende Zeitdauer einstellen. Schließlich ent-

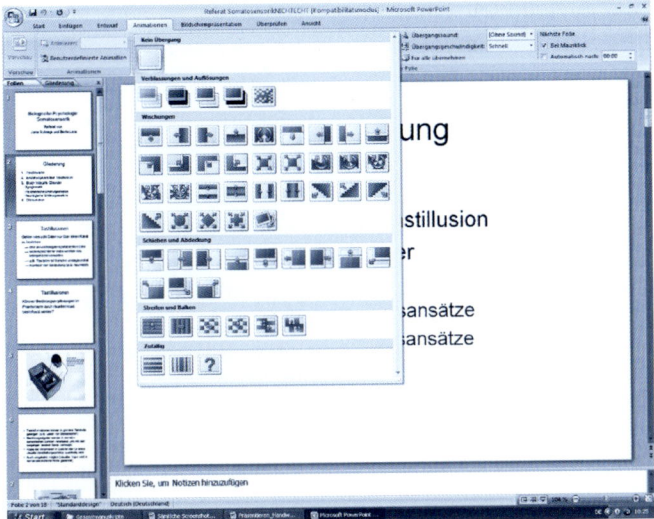

Auf der Registerkarte Animationen bietet PowerPoint eine Fülle von Vorlagen für originelle Wechsel von einer Folie zur nächsten an.

scheiden Sie noch, wie lange jede Folie zu sehen sein soll. Dazu wählen Sie unter *Nächste Folie* die Option *Automatisch nach* aus und geben eine Zeitangabe ein, beispielsweise zehn Sekunden.

Für Präsentationen vor Publikum bietet es sich jedoch an, dass Ihre nächste Folie erst dann erscheint, wenn Sie sie per Maustaste oder Fernbedienung aktivieren. Dazu setzen Sie einfach ein Häkchen bei der Option *Bei Mausklick*.

Effekte für Texte, Bilder und Grafiken

Nachdem wir die Folienübergänge festgelegt haben, schauen wir uns nun an, wie Sie Texte, Bilder und Grafiken auf Ihren einzelnen Folien in Bewegung bringen können. Den Zugang zu diesen Effekten finden Sie in der Aufgabengruppe *Animationen* unter der Überschrift *Benutzerdefinierte Animationen*. Damit der Effekt wirksam werden kann, sollten Sie schon vorher einen Text oder ein anderes Element auf der Folie markiert haben.

Unter *Benutzerdefinierte Animationen* stehen Ihnen jetzt vier verschiedene Effektbereiche zur Verfügung. *Eingang* steht für die Art und Weise, in der etwa eine Textzeile auf Ihrer Folie auftaucht. *Hervorgehoben* steht dafür, dass Sie eine Textzeile besonders deutlich von den anderen Zeilen absetzen können. Unter *Beenden* entscheiden Sie, wie ein Text von einer Folie verschwindet, und die *Animationspfade* erlauben einen besonders originellen Weg, etwa einen Text einfließen zu lassen. Sie können hier eine selbst gezeichnete Schlangenlinie, eine Spirale oder Ähnliches vorgeben, auf der Ihr Text in die Folie hineinwandert.

Beginnen wir damit, dass Sie vier Textzeilen haben, beispielsweise die vier wichtigsten Vorteile eines neuen Staubsaugers oder eines neuen Kostendämpfungsprogramms. Sie möchten diese vier Zeilen nicht gleichzeitig, sondern nacheinander auf der Folie erscheinen lassen. Klicken Sie dafür unter *Eingang* auf den Effekt *Einfliegen*. Im Dokumentfenster erscheint jetzt zusätzlich eine Nummerierung Ihrer Textzeilen, die Ihnen bestätigt, dass diese Zeilen nacheinander einfliegen.

Im Aufgabenbereich *Benutzerdefinierte Animationen* können Sie jetzt weitere Verfeinerungen vornehmen und entscheiden, wann dieser Effekt startet (etwa beim Mausklick), aus welcher Richtung die Textzeilen einfliegen und mit welchem Tempo dieses geschieht.

Tipps zum „Einfliegen" der Texte

Tipp 1: Hilfreich ist es, nach jedem „Zeileneinflug" eine kurze Pause einzulegen. Über den Pfeil am rechten Rand können Sie die Option Anzeigedauer auswählen und hier zum Beispiel eine Verzögerung von 2,0 Sekunden eingeben.

Tipp 2: Damit die neu einfliegende Textzeile noch prägnanter wirkt, können Sie die bereits vorhandene Textzeile blasser erscheinen lassen, indem Sie sie farbig abblenden. Dazu wählen Sie nach der Animation eine Farbe aus und bestätigen sie mit Okay.

Nehmen wir an, die Texte, Bilder und Schaubilder einer Folie sind jetzt komplett für das Publikum sichtbar. Nun möchten Sie die Aufmerksamkeit der Zuschauer noch einmal auf bestimmte Punkte im Text oder auf ein Schaubild lenken. Dies können Sie erreichen, indem Sie zum Beispiel einige Wörter, ein Gebiet auf einer Landkarte oder ein Tortenstück in einem Tortendiagramm aufblinken lassen, um es hervorzuheben. Dazu gehen Sie auf der Schaltfläche *Effekt hinzufügen* auf die Kategorie *Hervorgehoben*. Hier wählen Sie zum Beispiel den Effekt *Blitzlicht* aus.

So prüfen Sie sofort, wie ein Effekt wirkt

Wenn Sie unmittelbar nachprüfen möchten, ob und wie ein Effekt wirkt, können Sie am unteren Rand des Bildschirms die Schaltfläche *Bildschirmpräsentation der aktuellen Folie* anklicken. Sofort sehen Sie den Effekt.

Der originellste Weg, Texte oder Objekte auf den Bildschirm zu bringen und damit das Publikum ins Staunen zu versetzen, ist sicherlich die Funktion *Animationspfade*. Sie finden diese Rubrik in der Aufgabengruppe *Animationen* unter der Überschrift *Benutzerdefinierte Animationen*. Dort wiederum gehen Sie auf die Schaltfläche *Effekt hinzufügen* und wählen dort die Option *Animationspfade/Benutzerdefinierten Pfad zeichnen/Linie* aus.

Nun können Sie mit gedrückter Maustaste Ihren eigenen Animationspfad einzeichnen – der Mauszeiger hat sich jetzt in ein Kreuz verwandelt. Wenn Sie die Maustaste nun loslassen, sehen Sie die eingezeichnete Linie. Wenn Sie keine gerade Linie haben wollen, können Sie auch die Werkzeuge *Kurve*, *Freihandform* oder *Skizze* verwenden. Falls Sie es etwas bequemer haben möchten, bietet PowerPoint Ihnen auch eine Reihe von vordefinierten Animationspfaden an. Sie erscheinen im Auswahlfenster *Animationspfade*. Wie auch immer Sie sich entscheiden: Damit Ihre Animation sofort beginnt, nachdem die Folie aufgerufen wurde, wählen Sie *Nach vorheriger* im Listenfeld *Starten* aus.

Wenn Sie Grafiken wie etwa Säulen- oder Tortendiagramme lebendiger erscheinen lassen möchten, können Sie auf fertige Animationsschemas zurückgreifen, die speziell für diesen Zweck besonders gut geeignet sind – einfacher geht es kaum. Markieren Sie zunächst das Objekt, das Sie animieren möchten, etwa ein Säulendiagramm. Die verschiedenen Animationsschemas finden Sie aufgelistet in der Aufgabengruppe *Animation* im Listenfeld *Animieren*. Den Effekt können Sie einfach ausprobieren, indem Sie den Mauszeiger darauf halten. So können Sie beispielsweise ein Säulendiagramm von unten nach oben aufbauen, wenn Sie unter *Wischen* die Option *Nach Kategorie* auswählen. So lassen sich steigende Umsätze oder Verkaufszahlen wirkungsvoll unterstreichen.

Effekte mit Musikeinspielungen

Wecken Sie Aufmerksamkeit mit Fanfaren oder Paukenschlägen, mit Pop oder Klassik! Bei aller angebrachten Vorsicht: Punktuell eingesetzt können Musik- oder Toneinblendungen Ihrer Präsentation einen zusätzlichen Reiz geben. Zu beachten ist, dass Sie für Folienübergänge und

Animationen nur WAV-Dateien verwenden können, diese aber in Ihre Präsentationsdatei einbetten können. Für eine Hintergrundmusik dagegen können Sie auch MP3- oder WMA-Dateien verwenden. Diese müssen Sie jedoch zusätzlich zu Ihrer PowerPoint-Datei auf Ihrem Laptop oder einer CD abgespeichert dabei haben, wenn Sie die Vorführung beginnen. Zudem muss der Rechner eine Soundkarte besitzen. Lizenzfreie, also kostenlose Musik finden Sie im Internet etwa unter www.jamendo.com, www.neppstar.net, www.musopen.com, www.opsound.org oder www.hoerspielbox.de.

Beginnen wir mit den Begleitsounds zu Folienübergängen. Wählen Sie zunächst eine Folie aus, deren Erscheinen mit Toneffekt untermalt werden soll. Gehen Sie auf die Registerkarte *Animationen* und wählen Sie dort zunächst den passenden *Übergang zu dieser Folie* aus. Nun gehen Sie auf das Pull-down-Menü *Übergangssounds*. Wählen Sie entweder einen vorhandenen Sound aus oder wählen Sie unter *Anderer Sound* eine Tondatei aus, die Sie auf Ihrem Rechner gespeichert haben.

Wenn Sie eine Animation, etwa das Einfliegen eines Textblocks, mit einem Toneffekt unterstreichen möchten, wählen Sie diesen Weg: Zunächst definieren Sie den gewünschten Animationseffekt wie im Abschnitt über die Animationen beschrieben. Wenn Sie jetzt im Aufgabenbereich rechts neben der ausgewählten Animation den Auswahlpfeil nutzen, gelangen Sie zum Dialogfeld Effektoptionen. Gehen Sie mit der Maus hier auf die Registerkarte Effekt und klicken Sie auf den Pfeil neben Sound. Auch hier können Sie wieder zwischen vorhandenen oder anderen Sounds wählen. Die Lautstärke lässt sich direkt über das kleine Lautsprechersymbol neben dem Pull-down-Menü einstellen.

Gelegentlich kann es reizvoll sein, einen Teil Ihrer Präsentation mit einer Hintergrundmusik zu unterlegen. Die gewünschte Musik sollten Sie zunächst auf Ihrem Rechner abspeichern, und zwar im selben Ordner wie Ihre Präsentationsdatei. Gehen Sie im Dokumentfenster zunächst auf die Folie, bei der Ihre Hintergrundmusik starten soll, dann in der Multifunktionsleiste auf die Registerkarte Einfügen. Hier finden Sie rechts das Pull-down-Menü Sound. Wählen Sie hier die Option Sound aus Datei aus.

Im Dialogfeld, das sich nun öffnet, suchen Sie Ihre ausgewählte Musikdatei aus. Darauf öffnet sich ein Fenster, bei dem Sie festlegen sollen, ob die Musik automatisch oder auf Mausklick starten soll. Wählen Sie Automatisch aus, und legen Sie fest, wann die Hintergrundmusik enden soll. Dazu gehen Sie auf der Registerkarte Animationen auf den Aufgabenbereich Benutzerdefinierte Animation. Klicken Sie zunächst zweimal auf die Tondatei, die jetzt in der Medienliste zu sehen ist. Nun erscheint ein Dialogfeld, in dem Sie die Registerkarte Effekt anklicken. Hier legen Sie fest, dass die Musik Von Beginn an starten, aber beispielsweise nach neun Folien enden soll.

Zehn praktische Tipps für eine gelungene PowerPoint-Präsentation

Tipp 1: *Füllen Sie Wörter mit Fotos!* Ein wirklich toller Effekt entsteht, wenn Sie einzelne Wörter im Großformat mit einem Fotohintergrund füllen. Und das geht so: Klicken Sie zunächst einen Platzhalter für Text auf einer Folie an. Nun können Sie in der Multifunktionsleiste unter *Zeichentools*, dort wiederum unter *Format*, die WordArt-Vorlagen auswählen. Schreiben Sie nun Ihr Wort und markieren Sie es. Als Nächstes gehen Sie unter *Format* auf *Textfüllung*, dort wiederum auf *Bild*. Nun können Sie ein Bild aussuchen, das Sie vorher auf Ihrem Rechner gespeichert haben. Jetzt noch auf *Einfügen* klicken, und schon erstrahlt Ihr Wort als Foto!

Tipp 2: *Erstellen Sie verschiedene Versionen Ihrer Präsentation für verschiedene Zielgruppen!* Wenn Sie Ihren Vortrag in leicht abgewandelter Form vor mehreren Zuhörergruppen halten wollen, können Sie mit PowerPoint sehr einfach mehrere Versionen Ihrer Präsentation speichern – die zum Beispiel unterschiedlich ausführlich sind. Dazu gehen Sie auf der Registerkarte *Bildschirmpräsentation* über die Schaltfläche *Benutzerdefinierte Bildschirmpräsentation* auf die Option *Zielgruppenorientierte Präsentation*. Klicken Sie hier nun auf *Neu*, um eine neue Version Ihrer Original-Präsentation zu erstellen. Nun öffnet sich das Dialogfeld *Zielgruppenorientierte Präsentation definieren*, in dem Sie genau die Folien aussuchen können, die Sie einer bestimmten Zielgruppe, etwa

Reizvoller Effekt: Mit PowerPoint können Sie einen Text mit einem Foto-motiv füllen.

dem Außendienst oder der Personalabteilung Ihrer Firma, zeigen wollen. Klicken Sie mit der Maus auf den Folientitel und anschließend auf *Hinzufügen.* Die Reihenfolge der Folien können Sie ändern, indem Sie den Folientitel im rechten Fenster anklicken und dann mit den Pfeiltasten nach oben oder unten gehen.

Tipp 3: Nutzen Sie die Zusatzfunktion „Notizen"! So wie TV-Nachrichtensprecher vom Teleprompter ablesen, können Sie sich den Vortrag erleichtern, indem Sie die PowerPoint-Funktion

Notizen nutzen. Hier können Sie sich etwas aufschreiben, das nur Sie während des Vortrags sehen können. Ihr Publikum ahnt nichts davon. Sie können hier auch Zahlen und Daten unterbringen, die Sie gern für Nachfragen aus dem Publikum parat haben möchten. Die Notizfunktion erscheint immer am unteren Rand des Bildschirms. Kurze Notizen können Sie in der Normalansicht hier direkt eingeben. Sie können aber auch Ihren gesamten Vortragstext zu jeder Folie im Notizenbereich abspeichern. Dazu wechseln Sie von der Normalansicht zur Notizenansicht. Diese Ansicht finden Sie, wenn Sie auf der Registerkarte *Ansicht* in der Gruppe *Präsentationsansichten* auf die Schaltfläche *Notizenseite* klicken. Hier sehen Sie nun oben Ihre Folie und unten das dazugehörige Textfeld für Notizen. Hier können Sie Ihren Text hineinschreiben oder hineinkopieren.

Tipp 4: Mit ClipArt Ihre Folien grafisch aufwerten! Unser wichtigstes Sinnesorgan zum Aufnehmen von Informationen ist das Auge. Setzen Sie daher also Fotos oder Zeichnungen auf Ihren Folien ein, damit sich Ihre Inhalte besser beim Publikum einprägen. Da nicht jeder zum Zeichenkünstler taugt, bietet Microsoft fertige Vorlagen an, die ClipArts. Statt Pinsel und Farbe nehmen Sie einfach die Maus zur Hand: Das Menü ClipArt finden Sie über die Registerkarte *Einfügen* und die Schaltfläche *ClipArt*.

Im Feld *Suchen nach* können Sie Stichwörter wie „Menschen", „Berufe" oder „Gebäude" eingeben. Leichter wird die Suche, wenn Sie unten *Organisieren von Clips* anklicken und nun die angezeigten Ordner durchsuchen. Haben Sie eine passende Zeichnung oder ein geeignetes Foto gefunden, halten Sie die Maustaste gedrückt und ziehen Sie das Element auf Ihre Folie herüber. Sie möchten gern eine größere Auswahl an Clip-Arts haben? Kein Problem. Gehen Sie unten auf dem Menü auf die Schaltfläche *ClipArt* auf *Office Online*. Hier gelangen Sie zu einer Internet-Datenbank, die eine Auswahl weiterer ClipArts bereithält.

Tipp 5: Zwei Tasten, die Sie unbedingt kennen sollten! Zwei Buchstabentasten auf Ihrer Tastatur sollten Sie im Hinterkopf parat haben, wenn Sie Ihre PowerPoint-Präsentation für Ihr Publikum starten. Wann immer Sie mit Ihren Zuhörern während der Präsentation länger ins Gespräch kommen und den Ablauf Ihres Vortrags unterbrechen, kann es die Zuhörer sehr ablenken, wenn die aktuelle Folie weiterhin auf der Leinwand zu sehen ist. Unwillkürlich schaut man hin. Wenn Sie die Buchstabentasten B und *W* einsetzen, können Sie die Aufmerksamkeit voll auf Ihre Person lenken. Drücken Sie einmal B, wird der Bildschirm sofort schwarz. Drücken Sie ein weiteres Mal B, zeigt er wieder die aktuelle Folie. Drücken Sie dagegen W, wird der Bildschirm umgehend weiß. Ein erneutes Drücken auf W bringt die letzte Folie zurück. Kleine Eselsbrücke: Denken Sie an die englischen Wörter *Black* und *White*.

Tipp 6: PowerPoint-Präsentationen sehen, auch wenn man kein Power-Point hat! Nicht auf jedem Rechner ist PowerPoint installiert. Das ist zum Anschauen einer Präsentation jedoch kein Problem. Microsoft bietet das Programm „PowerPoint Viewer" zum Gratis-Download an. Am einfachsten geht es, wenn man bei Google das Suchwort „PowerPoint Viewer" eingibt, man kann auch direkt auf www.microsoft.com gehen und dort unter „Downloads & Trials" das „Download Center" anklicken – und schon kann es losgehen. Achtung: Präsentationen erstellen können Sie mit dem PowerPoint Viewer nicht!

Tipp 7: Aufzählungen mit SmartArt optisch aufwerten! Mit den SmartArt-Grafikvorlagen bietet PowerPoint die Möglichkeit, auf sehr schnelle Art Zusammenhänge, Abläufe und Listen anschaulicher zu gestalten. So lassen sich beispielsweise Aufzählungen grafisch so hervorheben, dass sie richtig Eindruck machen. So geht es: Sie markieren zunächst den Textrahmen, in dem sich die Liste oder die Aufzählung befindet. Nun gehen Sie auf die Registerkarte *Start*. Hier finden Sie in der Aufgabengruppe *Absatz* die Schaltfläche *In Smart-Art konvertieren*. Nun öffnet sich ein Menü mit verschiedenen grafischen Formen. Ideal für Auflistungen ist die Vorlage *Vertikale Bildakzentliste*. Hier öffnet sich links ein Fenster, in das Sie Ihren Text eingeben können. Als i-Tüpfelchen können Sie jetzt in die Kreise noch Fotos einbauen – einfach auf den Kreis klicken und es öffnet sich ein Menü, mit dem Sie ein Foto auf Ihrem Rechner suchen können.

Tipp 8: Minutenschnelle Diagramme in Hochglanzoptik! Wie sehr sich PowerPoint 2007 von der früheren Version 2003 unterscheidet, wird besonders deutlich bei den Diagrammen. Mit Power-Point 2007 gelingt es so mühelos wie noch nie, ansehnliche Diagramme blitzschnell auf den Bildschirm oder die Leinwand zu zaubern. Über die Registerkarte *Einfügen* klicken Sie auf die Schaltfläche *Diagramm*. Nun öffnet sich das neue Fenster *Diagrammtyp ändern*. Hier können Sie unter verschiedenen Arten von Diagrammen wählen – etwa zwischen Säulendiagrammen, Kreisdiagrammen oder Liniendiagrammen.

PowerPoint 2007 bietet Ihnen jedoch für jeden Typ gleich mehrere optische Varianten an – sodass Ihre Säulen auch wie Kegel oder Pyramiden aussehen können. Probieren Sie es aus – und staunen Sie, wie schnell Sie Ihr Publikum mit einer originellen Optik verblüffen können. Zusätzlicher Clou: Über die Schaltfläche *Layout* können Sie Ihre Säulen oder Pyramiden zusätzlich als dreidimensionale Objekte anzeigen. Griffiger geht es kaum.

Tipp 9: Merksätze und Zitate ins rechte Licht rücken! Obwohl eigentlich der Grundsatz gilt, dass Sie sämtliche Folien in einer Präsentation einheitlich gestalten sollten, dürfen Sie einmal davon abweichen – wenn Sie ein Zitat hervorheben wollen, etwa einen klugen Satz von Goethe oder von Ihrem Chef. Genauso reizvoll ist es, ein Fazit Ihres Referats in einer knackigen Aussage zu komprimieren und diesen einen Satz optisch erstrahlen zu lassen.

Nehmen Sie diesmal das Folienlayout *Leer* unter *Start* und *Folien*. Fügen Sie ein Textfeld ein (Registerkarte *Einfügen*, Aufgabengruppe *Text*) und tippen Sie das Zitat in einer Schriftgröße von mindestens 24 Punkt, zum Beispiel: „Das Geheimnis des Erfolges ist es, den Standpunkt des anderen zu verstehen." Henry Ford. Wählen Sie jetzt eine edel wirkende Schriftart, wie etwa „Engravers MT", „Algerian" oder „Bodoni MT Black" für das eigentliche Zitat. Probieren Sie verschiedene Schrifttypen aus. Wählen Sie für den Namen des Zitierten eine etwas andere Schriftart, die allerdings nicht zu unterschiedlich sein sollte. Die Zitatquelle erscheint in kleinerer Schriftgröße als das Zitat. Wählen Sie nun einen hellen Hintergrundton für die Zitatfolie aus (Registerkarte *Entwurf*, dann Aufgabenfeld *Hintergrund*, hier wiederum *Hintergrundformate*).

Tipp 10: PowerPoint-Folien in schreibgeschützte PDF-Dateien umwandeln! Stellen Sie sich vor, Sie möchten Ihre Präsentationsdatei einem Kunden oder einem Kollegen zur Ansicht mailen, und zwar so, dass er Ihre Folien exakt so sieht, wie Sie es geplant haben. Wenn Sie sichergehen möchten, dass Ihre Datei auf keinen Fall durch ein anderes Betriebssystem verzerrt wird, also etwa andere Farben angezeigt werden, wandeln Sie Ihre PowerPoint-Datei am besten in ein PDF-Dokument (PDF = Portable Document Format) um. Für diesen Zweck bietet Microsoft ein Add-In, das Sie kostenlos herunterladen können. Sie finden es auf http://office.microsoft.com, indem Sie auf der Registerkarte *Downloads* die Begriffe „2007 xps pdf" eingeben. Das Add-In gibt es einmal nur für PDF-Dateien, alternativ aber auch für XPS-Dateien – ein ähnliches Format wie PDF. Wenn Sie die Echtheit Ihres Office-Programms bestätigt und die Datei heruntergeladen haben, können Sie auf *Ausführen* klicken, um die Installation zu beginnen.

Nutzen Sie nun PowerPoint, werden Sie auf der Schaltfläche *Office* bei *Speichern unter* einen neuen Befehl vorfinden – und zwar den Befehl *PDF oder XPS*. Wenn Sie diesen anwählen, starten Sie die Umwandlung Ihres PowerPoint-Dokuments in eine PDF- oder eine XPS-Datei. Klicken Sie vorher noch das Kästchen *Datei nach dem Veröffentlichen öffnen* an, so erhalten Sie sofort nach Abschluss der Dateiumwandlung eine Ansicht des neuen PDF-Dokuments. Ziemlich praktisch, nicht wahr?

Impress – die Alternative zu PowerPoint

Wie die politische Welt ist auch die Welt der Computersoftware heute in mehrere Lager gespalten. So grenzen sich überzeugte Microsoft-Anhänger rigoros von den Apple-Fans ab. Während die Microsoft-Nutzer auf ihr Betriebssystem Windows und das Microsoft-Office-Paket schwören, lassen die Apple-Jünger nichts außer dem OS X-Betriebssystem gelten.

Und so, wie sich in der Politik gelegentlich eine neue Partei wie die Grünen oder die Linke abspaltet, hat sich in der Computerwelt ein neues Lager formiert. OpenOffice.org heißt die neue Fraktion, und hinter dem Namen verbirgt sich ein Softwarepaket im Stil von Microsoft Office. Entscheidende Unterschiede: OpenOffice.org wird als Gemeinschaftswerk von vielen Programmierern entwickelt, und es lässt sich gratis aus dem Internet herunterladen.

Neben Textverarbeitung und Tabellenkalkulation bietet OpenOffice.org beispielsweise auch ein kostenloses Alternativprogramm zum kostenpflichtigen PowerPoint – und zwar die Präsentationssoftware Impress. Eine weitere gute Nachricht: Impress besitzt einen erheblichen Teil der Funktionen von PowerPoint und lässt sich auf sehr ähnliche Weise navigieren. Ein Umstieg auf Impress ist also in der Regel unproblematisch. Momentan verfügbar ist die Version Impress 3, die sich auf www.openoffice.org oder auf der deutschen Seite http://de.openoffice.org kostenlos herunterladen lässt – und zwar immer als fester Bestandteil des gesamten OpenOffice-Softwarepakets. OpenOffice warnt dezidiert davor, die Software von anderen Internet-Quellen herunterzuladen, da dort teilweise kostenpflichtige Abos drohen. Die neueste Impress-Version bietet zudem zwei reizvolle Neuerungen: Sie erlaubt es jetzt sogar, Dateien des Konkurrenten PowerPoint zu importieren. Außerdem vereinfacht sie das Zuschneiden von Grafiken und unterstützt die Einbindung von Tabellen in die Präsentationen.

Der Countdown läuft: So trete ich selbstbewusst auf!

Lampenfieber und Redeangst sind etwas völlig Normales. Besonders wenn Sie zum ersten Mal vor einem größeren Publikum referieren, ist es klar, dass Sie nervös sind. Wer wäre das nicht? Die Situation ist neu und ungewohnt für Sie, viele Augenpaare sind auf Sie gerichtet. Das Publikum erwartet, erhofft sich etwas von Ihnen, und auch Sie selbst erwarten von sich, dass Sie einen überzeugenden Auftritt absolvieren. Redeangst ist die Angst, sich zu blamieren – doch seien Sie nicht zu streng mit sich selbst. Vor allem aber: Tun Sie etwas! Nutzen Sie alle Möglichkeiten, sich vor dem Vortrag mental selbst zu bestärken und während des Vortrags Ihr Lampenfieber in den Griff zu bekommen. Sie werden sehen, dass es gar nicht so schwer ist, gelassen vor Ihr Publikum zu treten und Ihre Präsentation zu einem Erfolg werden zu lassen.

Wie ich mich vor meinem Vortrag mental bestärken kann

Haben Sie schon einmal einen ängstlichen Redner erlebt? Verkrampft steht er am Rednerpult. Unsicher starrt er auf einen imaginären Punkt an der Wand oder aus dem Fenster. Er

„sucht Schwammerl" (Blick auf die Erde) oder „zählt Hummeln" (Blick in die Luft) – und schafft es daher nicht, Blickkontakt zu seinem Publikum aufzunehmen. Aber keine Sorge, Ängste und Unsicherheiten lassen sich in den Griff kriegen. Dieser Abschnitt zeigt Ihnen, wie es Ihnen vor Ihrer Präsentation gelingt, Selbstsicherheit zu gewinnen.

Machen Sie sich zunächst immer wieder klar, wie gut Sie vorbereitet sind, wie intensiv Sie an Ihrem Vortrag gearbeitet haben. Das schließt natürlich ein, dass Sie auch tatsächlich gut vorbereitet sind! Bestärken Sie sich innerlich mit dem Satz: „Ich habe meine Präsentation perfekt vorbereitet – mir kann nichts passieren!"

Um die Furcht vor dem großen Auftritt abzubauen, können Sie sich mental mit einer Taktik der schrittweisen Steigerung bestärken. Bevor Sie also die große Hürde Ihres großen Auftritts in Angriff nehmen, können Sie – um im Bild zu bleiben – zunächst Sprünge über kleinere Hürden trainieren. Konkret heißt das: Begeben Sie sich in eine Situation, in der Sie normalerweise nicht das Wort ergreifen, sondern meist anderen den Vortritt lassen. Nehmen wir den Elternabend in der Schule als Beispiel. Die Übung besteht darin, dass Sie sich dieses Mal fest vornehmen, sich zu Wort zu melden – auch wenn der redegewandte Vater der kleinen Miriam die genervten Eltern minutenlang mit einem Wortschwall überschüttet. Sie lassen sich davon nicht einschüchtern und platzieren Ihren Beitrag an passender Stelle.

Zugleich beobachten Sie Ihre körperlichen Reaktionen: Wird Ihnen wärmer? Schlägt der Puls schneller? Gewöhnen Sie sich Schritt für Schritt daran, wie es sich anfühlt, plötzlich im Mittelpunkt zu stehen. Nutzen Sie mehrere solcher Veranstaltungen, um die Lampenfieberschwelle bei Ihnen nach und nach abzusenken. Legen Sie die Latte jedes Mal etwas höher. Je öfter Sie solche Mini-Auftritte üben, desto schneller bekommen Sie Ihr Lampenfieber in den Griff. Freuen Sie sich über jeden Fortschritt, auch wenn er noch so klein ist. Verbieten Sie sich jede Selbstkritik, und genießen Sie den Stolz darauf, dass Sie sich eingemischt, dass Sie sich zu Wort gemeldet haben – beim Elternabend, in der Betriebsversammlung, beim Vereinsabend.

Wenn es Sie abschreckt, dass Sie vor einem größeren Publikum sprechen, dessen Zusammensetzung Sie kaum überschauen können, verdeutlichen Sie sich doch bitte, dass jeder einzelne dieser Zuhörer Ihnen überhaupt nichts anhaben kann – warum sollten Sie also die pure Menge fürchten? Schon der griechische Philosoph Sokrates beruhigte so den großen Staatsmann, Feldherrn und Redner Alkibiades. „Du hast also Angst, vor einer großen Menschenmenge zu sprechen. Würdest du dich auch fürchten, vor einem Schuhmacher zu reden?" Alkibiades verneinte dies. „Oder würde dich ein Kupferschmied befangen machen?", hakte Sokrates nach. Alkibiades stritt auch dieses ab. „Aber aus solchen Leuten setzt sich doch das Volk von Athen zusammen! Wenn du die Einzelnen nicht fürchtest, warum willst du sie insgesamt fürchten?" Recht hat der Mann!

Vergessen Sie nicht, mindestens einen „Trockendurchgang", eine Generalprobe Ihrer Präsentation durchzuführen – allein oder vor Freunden (siehe fünftes Kapitel). Sie werden sich danach wesentlich selbstsicherer fühlen; zudem wissen Sie jetzt auch, wie lang Ihr Vortrag genau ist.

Gerade wenn Sie vor Ihrer Geschäftsleitung oder dem Top-Management Ihres Kunden präsentieren, könnten Sie in Versuchung geraten, sich schnell noch einen neuen Anzug oder ein neues Kostüm zuzulegen. Denken Sie aber daran, dass Sie sich in Ihrer Haut und in Ihrer Kleidung wohlfühlen sollen. Wenn der neue Anzug zwickt, wird das nicht gerade Ihr Lampenfieber reduzieren. Ziehen Sie im Zweifel die Kleidung an, in der Sie sich besonders selbstsicher fühlen.

Sie können weiterhin zu Ihrer eigenen Beruhigung beitragen, indem Sie einen kleinen Spickzettel neben den Laptop oder auf das Rednerpult legen, worauf der grobe Ablauf Ihres Vortrags skizziert ist. So haben Sie eine doppelte Sicherheit, falls Ihre Karteikarten durcheinandergeraten oder Ihr Manuskript plötzlich auf den Boden fällt.

Je weniger Überraschungen auftreten, desto selbstsicherer können Sie auftreten. Suchen Sie deshalb schon vor Ihrer Rede den Saal oder das Besprechungszimmer auf, in dem

Sie vortragen werden. Akklimatisieren Sie sich in diesem Raum! Probieren Sie aus, wie laut Sie sprechen müssen, und bewegen Sie sich einfach einmal auf der Bühne oder im gesamten Raum. Überprüfen Sie die Funktion der technischen Geräte.

Werfen Sie in den 20 Minuten vor Ihrer Rede keinen Blick mehr in Ihre Unterlagen. Nehmen Sie lieber Kontakt mit den ankommenden Gästen auf, oder entspannen Sie sich. Schließen Sie Ihre Vorbereitung an einem Punkt konsequent ab. Feilen Sie nicht noch weiter an Ihrem Manuskript oder an Ihren Folien – es würde Ihren Puls nur weiter in die Höhe treiben. Beenden Sie Ihre Vorbereitung spätestens am Tag vor Ihrer Präsentation – und zwar definitiv.

Drosseln Sie in den Stunden vor Ihrem Auftritt deutlich Ihr Tempo – schalten Sie einen Gang zurück und lassen Sie innere Ruhe einkehren. Gehen Sie allen Menschen aus dem Weg, die Sie in eine hektische oder gereizte Stimmung bringen könnten. Wenn Sie unbedingt noch etwas zu erledigen haben, lassen Sie sich trotzdem dabei nicht aus der Ruhe bringen.

Schließlich noch ein wichtiger Tipp: Malen Sie sich doch bitte direkt vor der Präsentation einmal aus, wie gut Sie sich fühlen werden, wenn die Präsentation ein Erfolg sein wird. Visualisieren Sie Ihren künftigen Erfolg! Schließen Sie kurz die Augen, sehen Sie vor Ihrem inneren Auge, wie Ihre

Zuhörer applaudieren, und antizipieren Sie das gute Gefühl, das Sie dabei empfinden werden. Stellen Sie sich gerne weitere Einzelheiten Ihres Präsentationserfolgs vor und bringen Sie sich innerlich in Erfolgsstimmung.

Seien Sie dabei ruhig einmal größenwahnsinnig. Geben Sie sich so viel Selbstbestätigung, wie Sie nur können. Schließlich hört Sie niemand. Wenn Ihnen danach ist, rufen Sie sich innerlich zu: „Ich bin der beste Redner der Welt! Mein Thema ist faszinierend! Mein Publikum wird an meinen Lippen hängen!" Stellen Sie sich jetzt außerdem vor, dass Ihnen Ihr eigener Vortrag großen Spaß machen wird – weil Sie gut vorbereitet sind, weil Sie kompetent sind, weil Sie es können! Sie sind jetzt der Experte. Treten Sie jetzt ans Pult – es geht los! Der Spaß beginnt!

So bekämpfe ich Lampenfieber und Nervosität während des Vortrags

Keine Frage: Bei Ihnen und den meisten Menschen wird das Herz deutlich spürbar schlagen, wenn Sie jetzt die Stimme erheben und Ihren Vortrag beginnen. Allerdings bekommen Ihre Zuhörer davon viel weniger mit, als Sie vielleicht befürchten. Selbst wenn Sie einige Sätze nur unvollständig herausbringen, wird das kaum jemand merken.

Außerdem ist eine gewisse Dosis Lampenfieber gut und wichtig! Bei Lampenfieber stößt der Körper das Stresshormon Adrenalin aus, das schnell zusätzliche Energiereserven für Ihren Körper bereitstellt und den Blutzuckerspiegel ansteigen lässt. Kanalisieren Sie diese zusätzliche Energie in Ihre Präsentation hinein. Reden Sie lebhafter, gestenreicher, schwungvoller als sonst! Dennoch folgen hier einige Beruhigungstipps für die Sekunden unmittelbar vor Beginn Ihrer Präsentation!

- Atmen Sie einmal bewusst sehr ruhig aus und dann wieder ein. Atmen Sie von nun an ruhig und regelmäßig weiter!

- Stehen Sie bewusst mit beiden Füßen fest auf dem Boden, erden Sie sich auf diese Weise. Wechseln Sie jetzt nicht ständig zwischen Standbein und Spielbein. Sollten Sie sitzen, schlagen Sie nicht die Beine übereinander, sondern stellen Sie beide Füße fest nebeneinander auf den Boden.

- Nun suchen Sie Blickkontakt zu befreundeten Kollegen. Sie wissen, dass sie Ihnen wohlgesinnt sind. Nicken Sie sich ruhig einmal wohlwollend zu.

- Nehmen Sie innerlich einmal den Blickwinkel Ihrer Zuhörer ein. Ihr Publikum will nämlich, dass Sie Erfolg haben. Es will seine Zeit nicht mit einem schlechten Vortrag verschwenden. Selbst wenn Ihre Zuhörer vom Chef dazu verdonnert wurden, Ihrer Präsentation beizuwohnen, wollen sie einen guten Vortrag hören. Außerdem weiß das Publikum nicht, dass Sie Lampenfieber haben.

Sind Sie ruhig? Haben Sie Ihr Lampenfieber im Griff? Dann legen Sie los! Der Anfang Ihrer Präsentation muss allerdings perfekt sitzen wie ein Maßanzug. Sie sollten ihn besonders ausführlich vorher üben, schließlich zählt der erste Eindruck. Zu Beginn sollten Sie lange Sätze und Zungenbrecher unbedingt vermeiden. Kommen Sie auf den Punkt.

Und noch ein praktischer Tipp: Stellen Sie sich unbedingt Wasser aufs Pult – ein Glas oder eine Flasche, ganz wie Sie mögen. Wenn Sie spüren, dass Ihr Mund trocken wird, trinken Sie einen Schluck Wasser. Wenn Sie sich gedanklich kurz sammeln möchten, trinken Sie einen Schluck Wasser. Aber übertreiben Sie es nicht!

Sagen Sie Ja zu sich selbst!

Psychologen und Rhetorik-Experten haben herausgefunden, dass Redner besonders überzeugend wirken, wenn sie über ein hohes Maß an Selbstakzeptanz verfügen. Ein Mensch mit Selbstakzeptanz lebt in innerer Übereinstimmung mit sich selbst und besitzt daher auch Selbstvertrauen, Vertrauen in sich und seine Fähigkeiten. Wer den Wert seiner Persönlichkeit kennt, wird gegenüber seinen Zuhörern keine Angst verspüren. Er ist offen dafür, sich dem Publikum zuzuwenden. Ein Redner, der intensiv mit sich selbst befasst ist und starke Selbstzweifel empfindet, kann seinen Zuhörern nicht die erforderliche Zuwendung geben. Quälen Sie sich also nicht damit, sich selbst zu entwerten. Verlieren Sie nicht den Blick für die Realität. Ein Redner mit hoher

Selbstakzeptanz erlebt seinen Auftritt als Chance zur Selbstverwirklichung und zur Kommunikation unter Gleichen. Denn nur wer sich selbst schätzt, kann auch anderen mit Wertschätzung begegnen. Wie sagte Cicero: „Wie die Rede, so der Mensch."

Mit diesen Übungen entspannen Sie sich

Wissen Sie, wie sich Redner und Präsentatoren vor ihrem Auftritt hinter der Bühne entspannen? Niemand sieht es, also brauchen Sie keine Hemmungen zu haben.

- Übung 1: Stellen Sie sich gerade hin, strecken Sie Ihre Arme weit nach oben. Lassen Sie sich nun schnell nach vorne fallen und atmen Sie dabei kräftig aus. Verharren Sie einige Momente in dieser Haltung. Bringen Sie sich nun ganz langsam wieder in die vorige Position, indem Sie Ihre Wirbelsäule „Wirbel für Wirbel" langsam aufrichten. Atmen Sie dabei langsam ein. Die Übung mehrmals wiederholen! Auch gut gegen Kopfschmerzen!
- Übung 2: Dehnen Sie Ihren Körper, um Muskelverspannungen zu lösen. Strecken Sie Ihre Arme wieder nach oben. Rekeln Sie sich, strecken Sie abwechselnd den linken und den rechten Arm noch etwas höher.
- Übung 3: Lockern Sie Ihren Kopf! Neigen Sie Ihren Kopf leicht nach rechts. Strecken Sie gleichzeitig Ihren linken

Arm ein Stück vom Körper weg und drücken Sie mit der Handfläche nach unten. Bleiben Sie einige Momente in dieser Haltung. Wechseln Sie dann die Seite.

- Übung 4: Rollen Sie Ihren Kopf hin und her oder bewegen Sie ihn im Kreis – schön langsam, dabei ruhig atmen!
- Übung 5: Legen Sie sich auf einen Teppich oder eine Matte. Spannen Sie nach und nach sämtliche Körpermuskeln kurz an und entspannen Sie danach wieder. Atmen Sie ruhig. Spannen Sie am Schluss den gesamten Körper an und bleiben Sie einige Momente in dieser Anspannung. Nehmen Sie dann die Spannung heraus und lassen Sie Ihr volles Gewicht in die Matte sinken. Ein wunderbar entspannendes Gefühl breitet sich aus!

Lassen Sie die Finger von Alkohol und Pillen

Ein guter Freund empfiehlt Ihnen einen kleinen Schnaps zur Entspannung vorweg, bevor Sie referieren oder präsentieren? Trauen Sie diesem Freund lieber nicht! Denn die angeblich beruhigende Wirkung des Schnapses – oder einer Beruhigungspille – lässt gerade in dem Moment nach, in dem sie besonders darauf angewiesen wären. So wird die Blamage nur umso größer, wenn Sie gerade jetzt ins Stottern geraten! Außerdem, und das weiß jeder Autofahrer, mindert der Alkohol Ihre Leistungs- und Reaktionsfähigkeit – auch wenn Sie noch so überzeugt davon sind, dass gerade Ihnen der Alkohol nichts anhaben kann.

Entspannungsübungen direkt vor Ihrem Vortrag helfen genau in diesem Moment. Wenn Sie Ihre Fähigkeit, sich entspannen zu können, insgesamt verbessern möchten, kann ich Ihnen den Tipp geben, einen Kurs in Autogenem Training oder Yoga zu belegen. Investieren Sie einen Nachmittag oder einen Abend pro Woche für ein solches regelmäßiges Entspannungstraining, es lohnt sich!

So behalten Sie Ihren Körper im Griff

Ob Sie nun vor Nervosität anfangen zu zappeln oder zu schwitzen: Ihre körperlichen Reaktionen können Sie nur sehr eingeschränkt steuern. Das heißt aber nicht, dass Sie Schweißausbrüchen oder zitternden Händen hilflos ausgeliefert sind. Wie gesagt: Komplett unterbinden können Sie diese körperlichen Reaktion nicht, aber Sie können sie in eine bestimmte Richtung lenken:

Zappeln: Wer zappelt, wird eindeutig als nervös eingestuft. Wenn Sie sich ständig an die Stirn, an die Nase oder ans Kinn fassen, wird man Sie eindeutig für nervös halten. Lassen Sie es nicht so weit kommen. Die Lösung: Gestikulieren Sie reichlich, und immer, wenn Sie nicht gestikulieren, bringen Sie Ihre Hände in die Ruheposition direkt vor Ihrem Körper. Dabei legen Sie die Handflächen Ihrer Hände ineinander.

Schwitzen: Wenn Sie dazu neigen, unter Stress literweise Schweiß zu vergießen, werden Sie garantiert auch bei Ihrem ersten großen Vortrag ins Schwitzen kommen. Als Mann sollten Sie unter dem Hemd auf jeden Fall ein T-Shirt tragen, das einen Großteil Ihres Schweißes aufsaugen kann. Vor allem aber sollten Sie geschickt vorgehen, wenn Sie den Schweiß aus Ihrem Gesicht wischen. Ein einfacher Trick lässt sie weit weniger verschwitzt aussehen: Nehmen Sie ein Taschentuch zur Hand, aber öffnen Sie es nicht, schütteln Sie es nicht aus. Lassen Sie es zusammengefaltet und tupfen Sie lediglich den Schweiß von Ihrer Stirn ab. Je ausgiebiger Sie wischen, umso verschwitzter wirken Sie!

Zitternde Hände: Zitternde Hände sind ein untrügliches Zeichen für Nervosität. Selbst Redner, die weder schwitzen noch ins Zappeln geraten, verraten sich an ihren zitternden Händen. Die Lösung: Vermeiden Sie alles, was den Blick der Zuschauer auf Ihre Hände lenkt. Halten Sie also keinen Kugelschreiber oder Zeigestock in der Hand. Und verwenden Sie als schriftliche Unterlage lieber Karteikarten als einen Stapel Manuskriptblätter. Bei Papier sieht man es eher, wenn es in Ihren Händen zittert.

Hin und her gehen: Wer ruhelos wie der Tiger im Käfig hin und her wandert, wirkt so nervös wie ein Redner, dem der Schweiß in Sturzbächen den Körper hinabläuft. Wie können Sie also Ihr Umhertigern in den Griff bekommen? Es ist durchaus richtig, Ihre nervöse Energie in Bewegungen umzusetzen. Nur sollten Sie möglichst kontrolliert umhergehen. Wenn Sie den Bewegungsimpuls spüren, machen Sie also ein paar Schritte. Dann aber bleiben Sie stehen und nehmen wieder eine feste Position ein. Nach einigen Minuten gehen Sie wieder einige Schritte – und bleiben stehen. Dieses Spiel können Sie so lange fortsetzen, bis der Bewegungsimpuls nachlässt.

Was tun, wenn ich den Faden verliere oder einen Blackout habe?

Politiker, aber auch andere Mitmenschen nutzen ihn gern als Ausrede, wenn ihnen ein besonders böser Patzer unterlaufen ist. Aber es gibt ihn wirklich, den Blackout, den völligen Aussetzer oder Filmriss, bei dem das Gedächtnis plötzlich versagt. Auch der beste Redner ist nicht vor einem Blackout gefeit. Was also unternehmen, wenn Sie ihm unverhofft zum Opfer fallen?

Bekämpfen Sie schon im Vorfeld irrationale, negative Gedanken wie etwa den Gedanken an einen Blackout. Denken Sie nicht: „Wenn ich vor mein Publikum trete, werde ich alles vergessen, was ich über dieses Thema weiß." Denken Sie stattdessen: „Ich habe so viel Fachwissen aufbereitet, dass ich dieses Wissen unbedingt mit anderen teilen muss. Was soll ich allein damit?"

Verlieren Sie nicht gleich die Fassung, wenn Sie über einen Zungenbrecher oder ein kompliziertes Fremdwort stolpern. Reagieren Sie ruhig und mit Humor, sagen Sie: „Lassen Sie es mich noch einmal versuchen – diesmal auf Deutsch."

Auch wenn Sie Ihren Vortrag insgesamt frei nach Stichwörtern oder nach Notizen auf Karteikarten halten, wappnen Sie sich gegen einen Blackout, indem Sie Ihre Einleitung wortwörtlich aufschreiben und vor sich liegen haben. Denn zu Beginn der Präsentation ist die Nervosität am größten. Schenken Sie also der Einleitung die größte Beachtung.

Nehmen wir einmal rein theoretisch an, dass Sie tatsächlich den Faden verlieren. Sie können jetzt beispielsweise Zeit schinden, um durchzuatmen und Ihre Gedanken zu ordnen. Veranstalten Sie spontan eine Umfrage im Publikum. Stellen Sie Fragen oder geben Sie Statements ab und lassen Sie Ihr Publikum mit Handzeichen reagieren. Zählen Sie die Handzeichen aus. Kommentieren Sie das Ergebnis mit einer Prise Humor. „Habe ich es doch gewusst, dass in Ihrer Firma nur jeder Zweite das neue Steuergesetz genau kennt. Schließlich sind Sie keine Finanzbeamten."

Fassen Sie zusammen, was Sie bisher oder als letzten Punkt Ihrer Rede gesagt haben. Bis Sie am Ende dieses Überblicks angelangt sind, werden Sie hoffentlich wieder wissen, wie es weitergehen soll.

Mit etwas Geschick können Sie zudem Ihr Publikum in eine kurze Zigarettenpause entlassen, ohne dass Ihr Vorschlag peinlich wirkt. Oder schlagen Sie vor, den Tagungsraum kurz zu lüften, damit sich alle besser konzentrieren können.

Wenn Sie bereits einen Draht zu Ihren Zuhörern aufgebaut haben, können Sie Ihren Blackout auch ehrlich zugeben und Ihr Publikum um Hilfe bitten: „Jetzt habe ich doch tatsächlich den Faden verloren … Sind Sie so nett, mir kurz zu sagen, wo wir gerade stehen geblieben waren?"

Was tun bei Pannen und eigenen Fehlern?

Was kann nicht alles schiefgehen bei einer Präsentation! Ängstliche Seelen werden es sich in der Nacht davor ausmalen: Da kann die Birne des Beamers plötzlich durchbrennen, oder beim Frühstück ergießt sich heißer Kaffee über Ihr Manuskript. Die Heizung oder die Lüftung im Tagungsraum fällt aus, oder Sie bekommen plötzlich Bronchitis oder Durchfall … Wie hat es Hollywood-Legende Billy Wilder so schön formuliert? „Nobody is perfect", kein Mensch ist perfekt.

Bestes Gegenmittel bei Pannen ist sicher der Humor. Denken Sie an die berühmte Pannenmoderation von Marcel Reif und Günther Jauch, als während eines Champions-League-

Spiels zwischen Real Madrid und Borussia Dortmund ein Tor umfiel und sich das Spiel um 76 Minuten verzögerte. „Noch nie hätte ein frühes Tor einem Spiel so gut getan wie heute", war einer der schönsten Sätze aus dem improvisierten Dialog der beiden Sportjournalisten, für den die beiden später sogar einen Fernsehpreis erhielten.

Starten wir also mit den visuellen Hilfsmitteln. Mit welchen Sprüchen können Sie die Situation retten?

Die Panne: Fotos, Folien oder Grafiken stehen auf dem Kopf.

Der rettende Spruch: Ich muss Ihnen verraten, dass ich ein Bewunderer von Georg Baselitz bin. Dieser Maler hängt seine Bilder immer kopfüber auf.

Die Panne: Ein Zuschauer entdeckt einen Rechtschreibfehler auf einer Ihrer Folien.

Der rettende Spruch: Die deutsche Rechtschreibung bereitet dem Menschen sein ganzes Leben lang Schwierigkeiten – es sei denn, er ist Analphabet.

Die Panne: Ihr Filzstift für den Flipchart lässt Sie im Stich.

Der rettende Spruch: Wir kommen jetzt zum trockenen Teil meines Vortrags.

Aber auch unerwünschte Geräusche können die Nerven belasten. Mit Humor bringen Sie die angespannten Zuhörer zum Lachen:

Die Panne: Eine Polizei- oder Krankenwagensirene übertönt Ihre Präsentation.

Der rettende Spruch: Ich wusste gar nicht, dass PowerPoint auch Töne von der Straße einspielen kann. Da habe ich beim Einrichten der Präsentation wohl die falsche Taste gedrückt.

Die Panne: Ein Handy klingelt im Saal.

Der rettende Spruch (ernst): Gehen Sie unbedingt ran! Wahrscheinlich bringt Ihre Frau gerade ein Baby zur Welt. Oder: Wahrscheinlich haben Sie im Lotto gewonnen.

Nehmen wir jetzt einmal an, Sie hätten sich versprochen oder einen Sachverhalt nur ungenau erklärt. Unmut wird laut ...

Die Panne: Sie haben etwas gesagt, das niemand richtig verstanden hat. Sie beobachten ratlose Gesichter.

Der rettende Spruch: Ich kann Ihre Schwierigkeiten nachvollziehen, meine Erklärung zu verstehen. Ich habe kürzlich jemandem den Weg zum Hauptbahnhof erklärt – und ihn später beim Fußballplatz wiedergetroffen.

Die Panne: Sie sprechen ein Wort oder den Namen eines Prominenten falsch aus.

Der rettende Spruch: Sie haben recht. Wie sagte der amerikanische Schriftsteller Ambrose Bierce: „Das Gehirn ist das Organ, mit dem wir denken, dass wir denken."

Erfolge sind keine Zauberei – Beispiele für gelungene Reden, Vorträge und Präsentationen

Nein, man muss nicht außergewöhnlich oder gar übernatürlich begabt sein, um seine Fähigkeit zum erfolgreichen Präsentieren und Referieren deutlich zu verbessern. Das Sprichwort „Übung macht den Meister" hat auch hier Gültigkeit. Und wer sich selbst mit seinen Stärken und Schwächen gut analysieren kann, hat besonders gute Karten. Wer weiterkommen will, tut zudem gut daran, sich bei den Profis und Praktikern etwas abzuschauen, die besonders gut reden, vortragen oder präsentieren können. Hier zum Schluss einige Beispiele – von der Präsentation eines Konzernchefs über das knappe Grußwort bis zur großen politischen Rede.

Der BMW-Vorstandschef kämpft um jeden Kunden

Beginnen wir mit einem der wichtigsten Konzernlenker in der deutschen Wirtschaft. Beginnen wir mit Norbert Reithofer, dem Vorstandsvorsitzenden von BMW. Die Öffentlichkeit passt besonders gut auf, wenn ein Top-Manager vom Kaliber Reithofers die Jahresbilanz oder die Quartalsergebnisse des von ihm geführten Unternehmens präsentiert. Da muss jeder Satz sitzen. Denn Medien und Investoren legen jedes Wort auf die Goldwaage.

Wenn Sie gleich die Rede des BMW-Chefs vom 6. Mai 2009 zur Präsentation der Finanzzahlen des 1. Quartals 2009 lesen, werden Sie die Qualitäten dieses Vortrags erkennen. Gleich zu Beginn betont Reithofer den Kampfgeist in einer schwierigen wirtschaftlichen Phase. Zudem wirkt er glaubwürdig, da er bereit ist, sich an früheren Behauptungen messen zu lassen. Außerdem begeht Reithofer nicht den Fehler, die wirtschaftliche Lage von BMW zu beschönigen. Er legt offen, dass es Verluste gab, betont aber, dass BMW im Vergleich zu anderen Wettbewerbern besser abschneidet. Und er sagt konkret, welche Maßnahmen er getroffen hat, welche er weiter trifft und welche Wirkung sie haben. Mit seinem Statement „Wir fahren weiter auf Sicht" demonstriert er seine Leidenschaft fürs Auto, und er zeigt, dass er die Sprache der Autofahrer spricht. Hier ein Auszug:

„Wir verbrennen kein Cash": Wie BMW-Konzernchef Norbert Reithofer seine Finanzzahlen präsentiert

„Guten Morgen, meine Damen und Herren!
Wir haben gesagt: Wir kämpfen um jeden Kunden und um jeden Cent. Sie werden merken: Dieser Kampfgeist zahlt sich aus. Im ersten Quartal 2009 hat sich die BMW Group in einem sehr schwierigen Umfeld behauptet:

▶

- Unser Ergebnis vor Finanzergebnis im Konzern liegt bei minus 55 Millionen Euro. Das heißt, es ist nur leicht negativ. Und wir alle wissen: Anfang 2008 war die Weltwirtschaft in einer deutlich besseren Verfassung.
- Der Umsatz ist mit 11,5 Milliarden Euro im Vergleich zum ersten Quartal 2008 um 13,4 Prozent gesunken.
- Unsere Liquidität im Konzern konnten wir gegenüber Ende 2008 weiter verbessern auf rund 10 Milliarden Euro. Unser Free Cashflow ist positiv. In unserem Branchenumfeld kann man beobachten: Eine starke finanzielle Basis ist in diesen Zeiten die alles entscheidende Komponente. Ohne Liquidität keine Investitionen in die Zukunft.
- Unsere Auslieferungen auf Group-Ebene sind per März um rund 21 Prozent zurückgegangen. Damit schneiden wir besser ab als das weltweite Premiumsegment. ...

Die Zahlen zeigen: Für Entwarnung ist es noch viel zu früh. Sie kennen die Frühjahrsgutachten. Ein Ende der weltweiten Rezession ist nicht in Sicht. Der DIW-Präsident zum Beispiel hat vor kurzem darauf hingewiesen, dass längerfristige Prognosen angesichts der anhaltenden Unsicherheit auf den Märkten wenig sinnvoll erscheinen.

Wir fahren weiter auf Sicht.

Entscheidend ist: Wir nutzen diese Zeit, um unser Unternehmen fit zu machen für die Aufschwungphase. Drei Punkte möchte ich Ihnen dazu kurz erläutern:

- Wie handeln wir?
- Warum tun wir das?
- Wo sehen wir uns in der Zukunft?

Erstens: Wie handeln wir in der aktuellen Situation?

Wir behalten das Heft des Handelns in der Hand. Wir treten der Wirtschaftskrise mit umfassenden Maßnahmen entgegen:

- Wir verfolgen weiterhin die Handlungsmaxime: keine Produktion, die nicht mit der Nachfrage korrespondiert. Im ersten Quartal haben wir weniger Fahrzeuge produziert als ausgeliefert. Unsere Konzernbestände wurden bis Ende März weiter deutlich reduziert. Das bedeutet: Wir handeln vorausschauend und verbrennen kein Cash.

- Die Effizienzmaßnahmen im Rahmen unserer Strategie Number ONE zeigen klar Wirkung. Im ersten Quartal 2009 sind unsere Kosten im Vergleich zum ersten Quartal 2008 gesunken. Wir optimieren nicht nur die aktuellen Kostenstrukturen. Gleichzeitig legen wir eine gute Basis für die Profitabilität der kommenden Jahre."

Norbert Reithofer, Vorsitzender des Vorstands der BMW AG, am 6. Mai 2009 bei der Präsentation der Finanzzahlen für das 1. Quartal 2009

Die Präsentation steht Ihnen auf der Webseite des Verlags zum Download zur Verfügung: www.humboldt.de/downloads.

Kurz und auf den Punkt: Grußwort von der Handelskammer

Weiter geht es mit einer eher kurzen Redegattung, einem Grußwort. Hier kommt es besonders darauf an, dass die Redner – meistens sind es mehrere – genau wissen, in welchem Rahmen und Zusammenhang sie sprechen, wie lange sie reden dürfen, welche Gäste wichtig sind, wen sie also namentlich und besonders herzlich nennen sollen, wenn sie sich mit ihren Worten an das Publikum wenden. Der Vortragende in unserem Beispiel, Armin Grams, ist Geschäftsführer für den Bereich Berufsbildung der Hamburger Handelskammer, der zusammen mit mehreren anderen Rednern zu einem Publikum aus Lehrern und Firmenvertretern spricht. Lehrer sollen dazu motiviert werden, während eines „Lehrerpraktikums" die Wirtschaft kennenzulernen – und den anwesenden Mitarbeitern der Wirtschaftsbetriebe soll ein positives Bild der Lehrer vermittelt werden.

Vermutlich hat ein persönlicher Referent die Rede für Herrn Grams vorbereitet. Auf jeden Fall wurde hier alles richtig gemacht: Vor der eigentlichen Rede findet Herr Grams alle wichtigen Angaben für seinen Termin, wichtige Anwesende werden namentlich genannt. Auf der zweiten Seite folgt ein genauer Ablaufplan, der unter anderem die Zeitfenster der einzelnen Beiträge nennt. Auf Seite drei des Manuskripts beginnt der Text des Grußworts, lesefreundlich in der Schriftgröße 20 Punkt geschrieben. Ebenfalls sehr gelungen ist die Aufteilung der Textblöcke – und zwar immer so, dass nur komplette Absätze auf den Manuskriptseiten stehen – sodass Umblätterpausen immer nur dann entstehen, wenn gerade ein Gedanke ausgeführt und abgeschlossen wurde. Ebenfalls klug ist die Idee, ein Zitat eines Schriftstellers einzubauen – der Vortragende weist sich damit gegenüber den Lehrern als gebildeter Mensch aus und gibt großes Interesse an Bildung zu erkennen.

(siehe Grußwort unter www.humboldt.de/downloads)

Kompetenz ausstrahlen: Folien für ein Uni-Referat über Intelligenz

Wechseln wir von der Wirtschaft zur Universität: Unser Beispiel zeigt, wie sachkundig und kompetent sich Studenten mit richtig gut gestalteten PowerPoint-Folien zu einem Referat oder Vortrag darstellen können. Hier geht es ausschließlich um die Visualisierung, nicht um das vorgetragene Referat. Weiter unten sehen Sie einige von insgesamt 48 Folien zu einem Referat über Intelligenz und Kreativität, das drei Studentinnen im Fachbereich Psychologie an der Universität Hamburg gehalten haben. Die Folien sind einheitlich und vor allem übersichtlich gestaltet – und nicht mit Informationen überladen. Das ausgewählte Design mit Kreisausschnitten unterstützt den sachlichen Charakter des Referats.

Gliederung

1. Definitionen von Intelligenz
2. Vorläufertheorien von Cattell
   - Binet
   - Spearman
   - Thurstone
3. Biographische Daten von Cattell
4. Theorie der fluiden und kristallinen Intelligenz
5. Korrelate der Intelligenz
6. Kreativität

Theorien zur Kreativität

○ 2 Arten von Theorien/Modellen

Prozessmodelle

Komponenten-
modelle

Prozessmodelle

○ Vier-Stadien-Schema (Wallass, 1926)
  1.) Vorbereitung
  2.) Inkubation
  3.) Illumination (Inspiration)
  4.) Verifikation

○ Grundannahme:
  • Kreative Einfälle seien auf eine spezifische und
    qualitativ andere Art zu denken zurückzuführen
  • Nicht wissenschaftlich bestätigt

○ Aufmerksamkeitstheorien

Die große politische Rede: Der Außenminister gibt seinen Widersachern Kontra

Wer Beispiele von mitreißenden, packenden oder nachdenklich stimmenden Reden sucht, kommt an den großen Rednern aus der Politik nicht vorbei. Willy Brandt und Herbert Wehner sind längst Legende, doch auch heute gelingt es Politikern mit großer rednerischer Begabung, ihr Publikum in den Bann zu ziehen. In die Spitzengruppe gehört ganz klar Joschka Fischer, Außenminister von 1998 bis 2005. Wer an seinen Auftritt beim Parteitag der Grünen 1999 denkt, mag vor allem an den Störer denken, der Fischer einen Farbbeutel entgegenschleuderte und ihn damit am rechten Ohr traf. Doch der Außenminister blieb kämpferisch und wortstark, als er kurz darauf seine Rede zum umstrittenen Kosovo-Einsatz der Bundeswehr hielt. Hier der Beginn seines Vortrags – unterbrochen von zahlreichen Zwischenrufen, die Fischer jedoch meisterlich pariert:

„Liebe Freundinnen und Freunde, liebe Gegner, geliebte Gegner, ein halbes Jahr sind wir jetzt hier in der Bundesregierung, ein halbes Jahr – ja ich hab nur drauf gewartet – hier spricht ein Kriegshetzer und Herrn Milošević schlagt ihr demnächst für den Friedensnobelpreis vor.

...

Ich dachte, wir wollen hier diskutieren und dass die Friedensfreunde vor allen am Frieden Interesse haben. Und wenn ihr euch so sicher seid, solltet ihr doch die Argumente wenigstens anhören und eure Argumente dagegensetzen. Mit Sprechchören, mit Farbbeuteln wird diese Frage nicht gelöst werden, nicht unter uns und auch nicht außerhalb.

Und wir erleben es ja bei diesem Parteitag, und insofern ist es keine innere Zerrissenheit, sondern eine äußere Zerrissenheit. Ich hätte mir auch nicht träumen lassen, dass wir Grüne unter Polizeischutz einen Parteitag abhalten müssen. Aber warum müssen wir unter Polizeischutz diskutieren? Doch nicht, weil wir diskutieren wollen, sondern weil hier offensichtlich welche nicht diskutieren wollen, wie wir gerade erlebt haben.

Das ist doch der Punkt! Ich weiß, als Bundesaußenminister muss ich mich zurückhalten, darf da zu bestimmten Dingen aus wohlerwogenen Gründen nichts sagen. Nicht so, wie mir wirklich das Maul am liebsten übergehen würde von dem, was ich in letzter Zeit gehört habe: Ja, ‚der Diplomatie eine Chance‘, ich kann das nur nachdrücklich unterstützen. Nur ich sage euch: Ich war bei Milošević, ich habe mit ihm 2 1/2 Stunden diskutiert, ich habe ihn angefleht, drauf zu verzichten, dass die Gewalt eingesetzt wird im Kosovo.

Jetzt ist Krieg, ja. Und ich hätte mir nie träumen lassen, das Rot/Grün mit im Krieg ist. Aber dieser Krieg geht nicht erst seit 51 Tagen, sondern seit 1992, liebe Freundinnen und Freunde, seit 1992! Und ich sage euch, er hat mittlerweile Hunderttausenden das Leben gekostet und das ist der Punkt, wo Bündnis 90/Die Grünen nicht mehr Protestpartei sind. Wir haben uns entschieden, in die Bundesregierung zu gehen, in einer Situation, als klar war, dass hier die endgültige Zuspitzung der jugoslawischen Erbfolgekriege stattfinden kann.

Ich erinnere mich noch … – Nein, ich höre nicht auf! Den Gefallen tue ich euch nicht! – … Ich kann mich noch erinnern: Die Bundestagswahlen waren gerade vorbei. Da sind Schröder und ich nach Washington geflogen. Wir waren noch in der Opposition, da war schon klar, dass wir ein Erbe mitbekommen, das unter Umständen in eine blutige Konfrontation, in einen Krieg führen kann. Und ich kann euch an diesem Punkt nur sagen: Schon damals, als wir die Koalition beschlossen haben, war uns klar, dass wir in einer schwierigen Situation antreten.“

„Sprich mit langen, langen Sätzen": Was ein Satiriker unfähigen Rednern rät

Zum Schluss noch ein paar satirische Ratschläge von Kurt Tucholsky, dem großen kritischen Geist der Weimarer Republik. Er hat den Spieß einmal umgedreht und sich überlegt, wie man eine Rede so hält, dass sie besonders langweilig, eintönig und einschläfernd wirkt. Hier einige Auszüge – natürlich überhaupt nicht ernst zu nehmen:

> „Fang nie mit dem Anfang an, sondern immer drei Meilen **vor** dem Anfang! Etwa so:
>
> ‚Meine Damen und meine Herren! Bevor ich zum Thema des heutigen Abends komme, lassen Sie mich Ihnen kurz …'
>
> Hier hast du schon so ziemlich alles, was einen schönen Anfang ausmacht: eine steife Anrede; der Anfang vor dem Anfang; die Ankündigung, daß und was du zu sprechen beabsichtigst, und das Wörtchen kurz. So gewinnst du im Nu die Herzen und die Ohren der Zuhörer.
>
> Denn das hat der Zuhörer gern: daß er deine Rede wie ein schweres Schulpensum aufbekommt; daß du mit dem drohst, was du sagen wirst, sagst und schon gesagt hast. Immer schön umständlich.
>
> Sprich nicht frei – das macht einen so unruhigen Eindruck. Am besten ist es: du liest deine Rede ab. Das ist sicher, zuverlässig, auch freut es jedermann, wenn der lesende Redner nach jedem viertel Satz mißtrauisch hochblickt, ob auch noch alle da sind.
>
> …

▶

Sprich mit langen, langen Sätzen – solchen, bei denen du, der du dich zu Hause, wo du ja die Ruhe, deren du so sehr benötigst, deiner Kinder ungeachtet, hast, vorbereitest, genau weißt, wie das Ende ist, die Nebensätze schön ineinandergeschachtelt, so daß der Hörer, ungeduldig auf seinem Sitz hin und her träumend, sich in einem Kolleg wähnend, in dem er früher so gern geschlummert hat, auf das Ende solcher Periode wartet … nun, ich habe dir eben ein Beispiel gegeben. So mußt du sprechen.

…

Kümmere dich nicht darum, ob die Wellen, die von dir ins Publikum laufen, auch zurückkommen – das sind Kinkerlitzchen. Sprich unbekümmert um die Wirkung, um die Leute, um die Luft im Saale; immer sprich, mein Guter. Gott wird es dir lohnen.

…

Sprich nie unter anderthalb Stunden, sonst lohnt es gar nicht erst anzufangen. Wenn einer spricht, müssen die andern zuhören – das ist deine Gelegenheit! Mißbrauche sie." (Auszüge aus „Ratschläge für einen schlechten Redner" von Kurt Tucholsky, 1930)

Register